「Y」の悲劇

男たちが直面するY染色体消滅の真実

黒岩麻里

朝日新聞出版

はじめに

ヒトのY染色体は退化の一途をたどり、いつか消えて失くなってしまう――Yはいま現在進行中でこのような悲劇の渦中にいます。もし完全に失くなったら、いったい私たちはどうなってしまうのでしょうか?

旧約聖書には、世界で最初の人類は「アダム」(男性)で、「イブ」(女性)は、アダムの肋骨《あばらぼね》から創られたと書かれています。しかし、諸説はあるものの、科学的な見解からは、ヒトの性のデフォルト「原型」は女性で、男性は女性をカスタマイズ(設定変更)してつくりだした「模型」といわれています。Y染色体はそのカスタマイズに必須のツールで、Y染色体がなければ男性をつくり出すことができないのです。

つまりY染色体は、男性にとってなくてはならない存在なのです。それにもかかわらず、Y染色体は消えてしまうかもしれない――。

Y染色体が消えてしまったら、男性は生まれてこなくなるのでしょうか？
そして、残された女性だけでは子孫が残せず、Y染色体の消失は人類の滅亡を意味するのでしょうか？
そもそも、なぜY染色体は退化を続けているのでしょうか？

Y染色体が抱える問題は、ヒトという種の存続に影響を与える壮大な進化に関係したものだけではありません。実はもっと身近で深刻な問題も孕《はら》んでいます。いま、この本を手にとっているあなたの身体の細胞から、Y染色体が失われつつあるかもしれないのです。そしてY染色体の消失が、男性の疾患に深く関係しているともいわれています。

Y染色体はなぜ、消えゆく運命にあるのか？

男性にとってなくてはならないY染色体の過去と未来、そしていま、ヒトのY染色体に何が起きているのか——本書ではYが背負った悲劇と翻弄される男性の運命についてお話ししていきます。

Y染色体がなければ、男性は生まれない——それは、Y染色体上に男性をつくり出す性決定遺伝子が存在しているからです。

それはまだ母親の胎内にいる2㎝にも満たない小さな胎児の頃、男性になることを決める性決定遺伝子の働きがスイッチとなり、男性化へのカスタマイズが始まります。男性化に必要なツールは、Y染色体や遺伝子だけではありません。ホルモンもまた、重要な役割を担っています。男性ホルモンは胎児の頃に大量に分泌されて男性化を促し、思春期を迎える頃にはさらなる身体的な男性らしさをつくり、維持するために働きます。

DNA、染色体、遺伝子、ホルモン、男性化の必須ツールであるこれらの名称や働きは聞いたことがあるし、なんとなく知ってはいるけれど……という方も多いかもしれません。本書では、それぞれの役割と関係についてお話しし、男性がどのようにつくられていくのかについてご紹介します。

もって生まれた染色体や遺伝子、ホルモンの働きによって、身体的な男性らしさ、女性らしさがつくられていきます。

学校の理科の授業で習った記憶があるという方も少なくないと思いますが、ヒトは23対の染色体をもっています。そのうちの1対が性を決定するもので、男女で違いがあります。女性はX染色体を2本もつXX型で、男性はX染色体とY染色体を1本ずつもつXY型。X染色体とY染色体の中にある遺伝子は、数も種類も大きく異なります。つまり、男性と女性では、もっている遺伝子の数も種類も違うのです。そして女性は女性ホルモンを多く分泌するのに対し、男性は男性ホルモンを多く分泌して、それぞれを活用しています。

このように、男性と女性の両者に、生物学的な性差が存在することは間違いありません。そしてその性差が私たちにもたらす影響は数多くありますが、特に関心が寄せられるもののひとつが、寿命の性差、です。日本は世界的にも長寿大国として知られていますが、みなさんご存じのように、平均寿命は男性よりも女性の方が長い傾向にあります。平均寿命は国によって異なりますが、女性の平均寿命の方が長いというこの傾向は、日本だけでなく世界各国で同様にみられます。つまり、ヒトには男性よりも女性の方が長生きするという性差が存在するのです。

それとも男性化ツールとしてのY染色体や遺伝子、ホルモンが原因なのか？
環境や社会的な要因か？
なぜ男性は女性より短命なのか？

本書では、科学研究から寿命の性差に迫ります。

ヒトの男女に生物学的な性差があることは間違いない、と述べました。しかし、古くからある「男と女」という二項対立的な固定観念は、最近の科学研究からも否定されつつあります。

そもそも、生物は子孫を残すために、「性」を使っていませんでした。分裂などで自身のコピーをつくる、というシンプルな方法で子孫を増やしていたのです。地球上の生物の壮大な進化の歴史を見ると、「性」をもつようになったのはつい最近のことです。しかも、それらはオスとメスである必要もありませんでした。

数多《あまた》の生物を見渡してみれば、性は2つとは限りません。この地球上には多様な性があり、ヒトもまた例外ではないのです。多様な性の在り方、これは、長い長い年月の中、生物が歩んできた素晴らしい進化の証なのです。


性が2つとは限らないとは、どういうことなのか？

私たちの性には、どんなバリエーションがあるのか？

それは、どんなふうに決まってくるのか？


あなたのもつこれまでの概念を覆すべく、多様で柔軟な「性」の姿についてお話しします。


「男性らしさ」VS「女性らしさ」。

従来からあるこの固定観念は、今もなお、私たちの無意識に根付いています。

ヒトの行動や思考を司《つかさど》るのは脳です。脳の成長や機能には、遺伝子やホルモンが影響を与えます。そして、古典的な脳研究から、男女の脳には明確な違いがあり、それらがいわゆる「男性らしさ」「女性らしさ」を生み出していると考えられてきました。

しかし、最新の科学研究から、脳には「性差」を上回る「個人差」が存在することが示唆されています。

また、脳は成長過程で周囲の環境の影響を大きく受けること、脳は大人になってからも変化することなどが明らかになっており、社会的な性「ジェンダー」が脳の発達と関係があることもわかっています。

近年、私たちを取り巻く社会は大きく変革し、結婚観やジェンダー観など、様々な価値観の多様化が進んでいます。

「男性脳」「女性脳」は存在するのか?

生物学的な性と社会的な性の関係は?

同性愛や性自認の違和に、遺伝子やホルモンは影響するのか?

「ジェンダーレス」はY染色体の影響を受けるのか?

これらの疑問に迫る、最新の性差研究についてご紹介します。

古くから、男女の違いは人々の大きな関心ごとです。それゆえに、国内、国外を問わず、大変多くの性差にまつわる書籍が出版されています。しかし、それらを読んで強く思うことは「科学的根拠はあるのかな?」ということです。ですので、私の著書では、研究論文で報告されている科学的根拠(エビデンス)が得られるものをご紹介しています。さらに差別化を図るために、本書ではできるだけ最近の研究報告を参考にし、特に日本人を対象にした研究あるいは日本国内で実施された研究を取り上げるようにしました。

多くの研究者が謎を解き明かそうと、研究は日進月歩で進んでいます。その一方で、なかなか解明にまで至らないこともあります。Y染色体はまさしく大きな謎と魅力を秘めており、科学者を虜にしてきました。本書をきっかけに、みなさんもY染色体という沼にハマっていただければ、こんなに嬉しいことはありません。

目次

第1章 ヒトの性はどう決まるか
——教科書と実際

第2章 Y染色体の消えゆく運命

——現在進行形の見えざる恐怖

第3章 そもそも性って何？

——素晴らしきその多様性

第4章 新しい性の概念
——科学的に示される〝バリエーション〟

第5章 寿命の性差を検証する
——なぜ男性は女性より短命なのか

第6章 性差か、個人差か
——脳の男女差を考える

ブックデザイン ……… 杉山健太郎
装画 ……………………… 市村 譲
図版制作 ………………… 朝日新聞メディアプロダクション
（他は各図版に記載）
校閲 ……………………… くすのき舎

第1章 ヒトの性はどう決まるか
——教科書と実際

まずは私たちの性がどのように決まり、つくられていくのかについてお話ししましょう。ここでお話しする内容は、あくまでも生物学の教科書に書かれている典型例である、ということを前提としてください。

後の章でお話ししますが、私たちの性には多様性があって、必ずしも全て同じように決まり、つくられていく訳ではないからです。

DNA・遺伝子・染色体の関係

性決定の仕組みを理解するためには、DNA（デオキシリボ核酸）、遺伝子、染色体の関係を理解する必要があります。これらの言葉、聞いたことはあるし、何となくイメージはできるけれど、具体的に説明しろといわれるとちょっと……という方は少なくないかもしれません。

まず、ヒトのDNAはどこにあるのでしょうか？

ヒトの身体は約37兆個にも及ぶ細胞からできているのですが、この細胞内には核とよばれる器官（細胞内小器官）があり、DNAはこの中に含まれています。

そしてDNAとはヌクレオチドとよばれる分子が数珠つなぎになったものです。分子生物学者のワトソンとクリックはこのDNAの構造を解明し、1953年にDNAは二重らせん構造をとることを発表しました。この功績によりノーベル生理学・医学賞を受賞したことは大変有名です。彼らの研究は、『Nature』という一流の国際的科学雑誌に掲載されましたが、この論文、驚くことにたったの2ページ（実質は1ページちょっと）という短いものでした(1)。とても短いのですが、20世紀最高の論文ともいわれています。

DNAを構成している塩基の配列には、遺伝情報として働くものとそうでないものがあります。つまり、DNAには遺伝情報をもつ部分ともたない部分が存在しているのです。前者の部分は、例外もありますが、細胞の種類に応じて機能する特定のタンパク質の設計情報が記録されていて、この領域を遺伝子とよんでいます。タンパク質はヒトの身体において多くを占めており、生体の乾燥重量のうち6〜7割がタンパク質ともいわれています。合成されるタンパク質の種類と量が、ヒトの身体の構造や機能を決めていくのですが、このタンパク質の合成を、遺伝子がコントロールしているのです。

ヒトの遺伝子は全てが解明されたわけではないので正確な数はわかっていませんが、アメリカのジョンズホプキンス大学の研究チームが２０１８年に発表したデータによると、およそ2万1千とのことです(2)。ヒトの総遺伝子数の解明は、現代科学の重要なミッションのひとつといわれており、科学者によって見解が分かれているため、日本の高校の教科書でも出版社によって数が異なっているのです。今後の研究の進展によって、その数は変わっていく可能性が高いです。

２万１千という数は大変多いように感じますが、ＤＮＡ配列全体のうち、タンパク質をつくる働きをもつ遺伝子の塩基配列が占める割合は、たった１～２％程度と考えられています。後述しますが、ＤＮＡは細胞内に、23対ある染色体の中に折りたたまれた状態で格納されています。このひとつの細胞の中にあるＤＮＡをつなげると、およそ２ｍほどの長さになるといわれています。つまり、２ｍあるＤＮＡのうち、遺伝子配列はたったの２～４㎝分しかないということになります。すると、私たちのＤＮＡのほとんどは必要のない配列なの？と思われるかもしれません。

ヒトのＤＮＡの全塩基配列を明らかにしようと、世界の科学者の叡智を結集しヒトゲノムプロジェクトが開始したのは1990年です。よく耳にする「ゲノム」という言葉は、DNAのもつ遺伝情報全体を指します。それゆえに、ヒトゲノムはヒトの設計図ともいわれているのです。10年以上の年月をかけプロジェクトが終了したのが2003年でした。こうして私たちの遺伝子の実態が明らかになってきた当時、世界中の科学者たちは、遺伝子配列が1～2％と極めて少ないというこの事実に驚愕し、やはり私たちと同じように、ほとんどが要らないものなのか？という疑問を抱きました。そして研究が進む中、遺伝子以外の配列も、様々なかたちで私たちが生命を維持する上で重要な働きをもつことがわかってきました。

2mものDNAのコンパクト収納法

2mにもおよぶ長いDNAは、小さな細胞の中の、さらに小さな核とよばれる構造の中に収納されています。核は細胞の種類によって大きさが異なりますが、その直径はおおよそ5～10㎛（マイクロメートル）と考えられています。マイクロメートルは

1㎜の1000分の1の長さですので、いかに小さな構造の中に、長いDNAが収納されているかがおわかりいただけると思います。実際に、ただDNAを無秩序にまとめただけでは核の中に収まりきらないと考えられていて、このコンパクト収納を可能にしたのが染色体です。

染色体は、DNAを規則正しくまとめ、編み上げた構造体です。つまり、遺伝子の配列を含む全てのDNAがキレイにまとめられたものが染色体なのです。染色体という構造がとれるおかげで、生物は多くのDNAをもつことができるようになり、多様に進化したと考えられています。

染色体は、生物種によってその数が決まっています。ヒトという種は46本と定義づけられていますが、実際には生まれつき46本よりも少し多いあるいは少ない、または、老化や細胞の病気（がん化）などで本数が変わってしまう場合などが知られています。後にご紹介しますが、この著書のメインテーマである、「Y染色体の消失」が起きることにより、本数が変わってしまう場合も知られています。

図1-1に、ヒトの染色体を示しています。染色体は母親および父親からそれぞれ23本ずつ受け継ぎ、2本ずつの対で構成されています。46本のうち44本は1から22ま

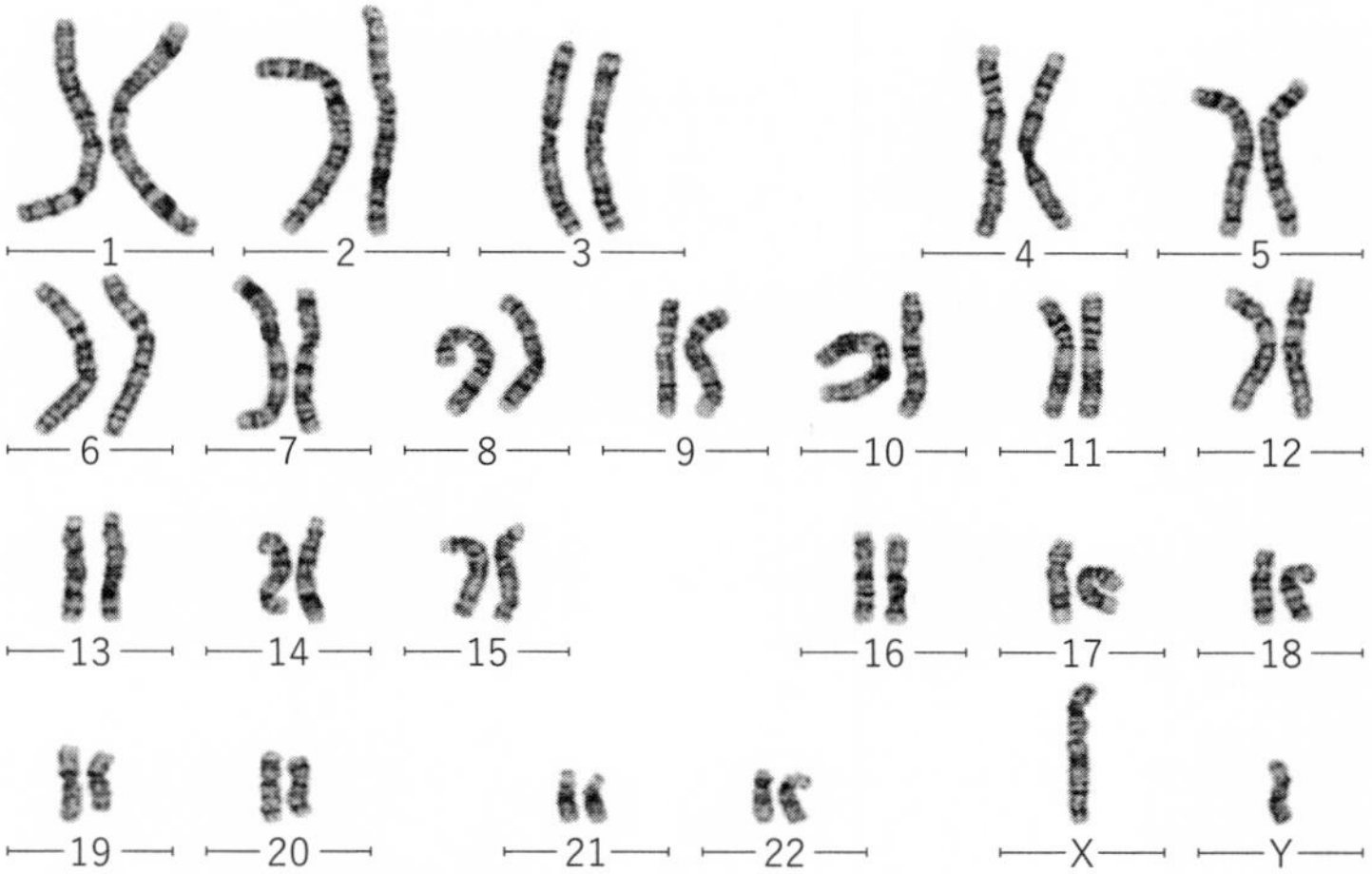

図1-1　ヒトの男性の染色体

46本あるうち、番号がつけられたものを常染色体、X、Yとアルファベットがつけられたものを性染色体とよぶ。

©黒岩麻里

での番号がついていて、一方を母親から、もう一方を父親からもらうので、それぞれ2本ずつあるわけです。番号がついている染色体は男女で違いがなく同じものなので、「常染色体」とよばれています。男女共通にもつため「常」に存在する、というイメージですね。

　残りの2本は男女で組み合わせが異なります。これを常染色体とは区別して「性染色体」とよびます。大きい方はX染色体、小さい方はY染色体と名付けられ、私たちの性を決めるのに大きな役割を担っています。

アクセサリー染色体

世界で初めて性染色体（X染色体）が発見されたのは1891年です。ドイツの生物学者、ヘルマン・ヘンキングが、ホシカメムシの精巣の細胞中に、X染色体を発見しました(3)。当時は、遺伝子情報を担うDNAが染色体に含まれているという、現在では当たり前の重要な事実がまだ理解されていない時代でした。ですので、ヘンキングはX染色体の役割や重要性には気付かずに、他の染色体とは独立して見えるこの染色体を「X染色体」と名付けて論文を発表しました。

ヘンキングがなぜX染色体と名付けたのかは、諸説あります。正体不明なことから「謎のX」という意味でつけられた、あるいは「エキストラ（余分）のX」などです。X染色体の形がアルファベットのXの形に似ているからだ、という説もあります。確かに似ていなくもないのですが、これは信憑性が低いようです。

そしてY染色体の存在が報告されたのが、X染色体の発見から15年経った1905年のことです(4)。アメリカ、ペンシルベニアのブリンマーカレッジで補助教員をしていたネッティー・マリア・スティーブンスが、チャイロコメノゴミムシダマシという甲虫の精巣の細胞から発見しました。とても小さなその染色体を、スティーブンスは丁寧に観察し、論文中では「Accessory Chromosome」(付属の染色体)と表現しています。実はスティーブンスが発表する以前に、孤立した小さな染色体の存在が報告されていたのですが、確証を得たものではありませんでした。スティーブンスは、この小さな染色体が一方の性にのみ観察されることから、性の決定に関わるのではないかと論文で考察しています。

余談ですが、私は当時の「アクセサリー染色体」という表現をとても気に入っています。実際の英語のニュアンスとは異なるのかもしれませんが、チョコンと飾りのように存在している小さな小さな染色体を可愛らしく表現しているように思うからです。スティーブンスがこの小さな染色体を見つけ、ワクワクしながら熱心に観察する情景も思い浮かびます。

そして、スティーブンスの発見以降、チャイロコメノゴミムシダマシ以外の生物でも、オスのみがもつ染色体が発見されました。すでに見つかっていたX染色体の名にちなんで、アルファベットのXの次がYということで、オスのみがもつ小さな染色体をY染色体とよぶようになったようです。

さらに、私たちヒトもY染色体をもつということがわかったのは、それから随分と後のことです。スティーブンスの発見当時はもちろんですが、その後も長きにわたってヒトの染色体の数自体がよくわかっていませんでした。ヒトの染色体が最初に観察された1880年代は、おおよそ22~24本くらいであろうと、実際の半数程度しか確認されていなかったのです。ヒトの染色体の数は46本で性染色体はXとY、とはっきりとわかったのは、1956年のことでした。前述したように、ワトソンとクリックがDNAのらせん構造を明らかにしたのが1953年。DNAをまとめたものが染色体なので、染色体はDNAよりも大きいはずなのですが、DNAの構造解明に遅れて、染色体の数を正しく数えることができたということです。それほど、当時の技術では、ヒトの染色体を観察するのは難しいことでした。

性決定遺伝子発見の歴史

女性はX染色体を2本もつXX型、男性はX染色体とY染色体を1本ずつもつXY型です。私たちの性はY染色体の有無で決まる、つまりYをもつと男性に、Yをもたないと女性になるというのが一応のルールなのですが、ヒトの染色体が明らかになった当時は、X染色体の本数で性が決まると考えられていました。というのも、遺伝学などの研究で古くから有用なキイロショウジョウバエが、XX／XY型の性染色体をもち、X染色体の本数（厳密には常染色体とX染色体の比率）で性が決まることが先にわかっていたからです。ですので、XX／XY型の性染色体をもつヒトは、キイロショウジョウバエときっと同じであろうと思われていたわけですね。

ところが、両者の間では性決定の様式は異なるということが、段々とわかってきました。きっかけとなったのは、染色体の本数変異です。前述したように、キイロショウジョウバエでもヒトでも、染色体の数がちょっと多いあるいは少ない、というケースがあります。後に第4章でお話ししますが、性染色体は特別な特徴をもつことから、常染色体に比べ本数の変異が起こりやすいことが知られています。この本数変異によって生まれた性染色体がXXYという個体の場合、X染色体の本数で性が決まるキイロショウジョウバエではXの本数が2本となり、XXの個体と同じ本数なので、メスになります。Yの有無は雌雄の決定に影響しません。しかし、ヒトがXXYで生まれた場合は、表現型は男性型になります。一方で、やはり本数変異によって生まれたXO（Oはゼロの意味）《オー》というX染色体を1本しかもたない個体の場合は、キイロショウジョウバエの性はXYと同じなのでオスになりますが、ヒトでは女性型になります。これらの事実が確認されたことから、1950年代に入った頃には、ヒトはX染色体ではなくY染色体に性の決定権があるのではないか、ということがわかってきます。

そして、1960年代には、Y染色体上のたった一つの遺伝子が男性化を決定する、というところまで突き止められました。しかし、その遺伝子の正体は、依然不明のままでした。

1980年代にはいり、遺伝子の解析技術が発展してくると、「我こそが最初にヒトの性決定遺伝子をみつけるのだ！」と世界的な競争が起こります。性決定遺伝子の発見として最初にカードを切ったのは、アメリカのホワイトヘッド研究所のグループでした。現在もなお、Y染色体研究で世界的に名を馳せる科学者、デビッド・ペイジ博士を筆頭に、研究グループはY染色体上の*ZFY*という遺伝子こそが性決定遺伝子である、と主張したのです(5)。

覆る世紀の発見

世界は、一気に「*ZFY*遺伝子で決まりだ！」という潮流に乗ります。しかし、それは一時的なもので、ペイジ博士らの報告の2年後、世紀の大発見に影を落とす不穏な報告がなされます。それは、染色体はXX型だけれども男性の表現型をもつ4人の性染色体を調べた報告でした。イギリスの王立がん研究基金（当時）の研究グループは、これら4人のX染色体にY染色体の一部の領域が移動してきていることを明らかにしました(6)。

染色体に起きる変異のひとつとして、ある染色体の領域が、別の染色体に移動してしまうことが知られており、これを「転座」とよびます。解析対象となった4人は性染色体はXXでしたが、X染色体にY染色体の一部が転座することで、Y染色体の一部の領域をもっていたのです。つまり、移動してきたY染色体の領域に性決定遺伝子が存在するので、染色体はXXだけれど性決定遺伝子が働いて男性になる、という現象が起きていたのです。そして、そのY染色体の領域を解析すると、そこには*ZFY*遺伝子は含まれていませんでした。

さらに翌年、同研究グループは移動してきたY染色体領域の配列を決定し、新しい遺伝子が存在することを突き止めました(7)。その遺伝子は、*SRY* (sex-determining region Y の略）と名付けられます。そしてさらに翌年の1991年、同グループは、ヒトと同じ哺乳類であるマウスもY染色体上にこの*Sry*[*1]遺伝子をもつことを確認し、XX型のマウスに*Sry*遺伝子を導入したトランスジェニック[*2]マウスを作成しました。その結果、本来ならメスになるはずのこのマウスは、*Sry*遺伝子が導入されたため、オスへと性転換したのです。この論文は、*Sry*遺伝子が哺乳類の性決定遺伝子であることを証明したものとして大変有名で、オスとなったXX型のマウスの写真は、論文が掲載された科学雑誌『Nature』の表紙を飾ります。

その後、*SRY*遺伝子についての研究が進み、この遺伝子はY染色体にしか存在しないこと、この遺伝子が働くと精巣ができる（つまりオスになる）こと、そして、ほとんどすべての哺乳類（正確には有胎盤哺乳類と有袋類）が共通してもっていることなどがわかってきました。

ヒトはデフォルトが女性!?

では、なぜ*SRY*遺伝子があると精巣ができて男性になるのか、その仕組みをお話ししていきます。

生物学的な性の定義では、卵子をつくる個体をメス、精子をつくる個体をオス、とみなします。卵子をつくる生殖器官は卵巣、精子をつくる生殖器官は精巣、ですので、卵巣をもつ個体がメス、精巣をもつ個体はオス、となります。つまり、その個体が卵

＊1　一般的な遺伝子名を示す時は全て大文字、マウスの遺伝子は文頭のみ大文字、ヒトの遺伝子は全て大文字、という遺伝学の世界ルールがある。

＊2　ある特定の遺伝子を受精卵などの細胞に注入して、注入された遺伝子情報が取り込まれた個体をトランスジェニック動物とよぶ。ここではマウスを使用したためトランスジェニックマウスとよぶ。

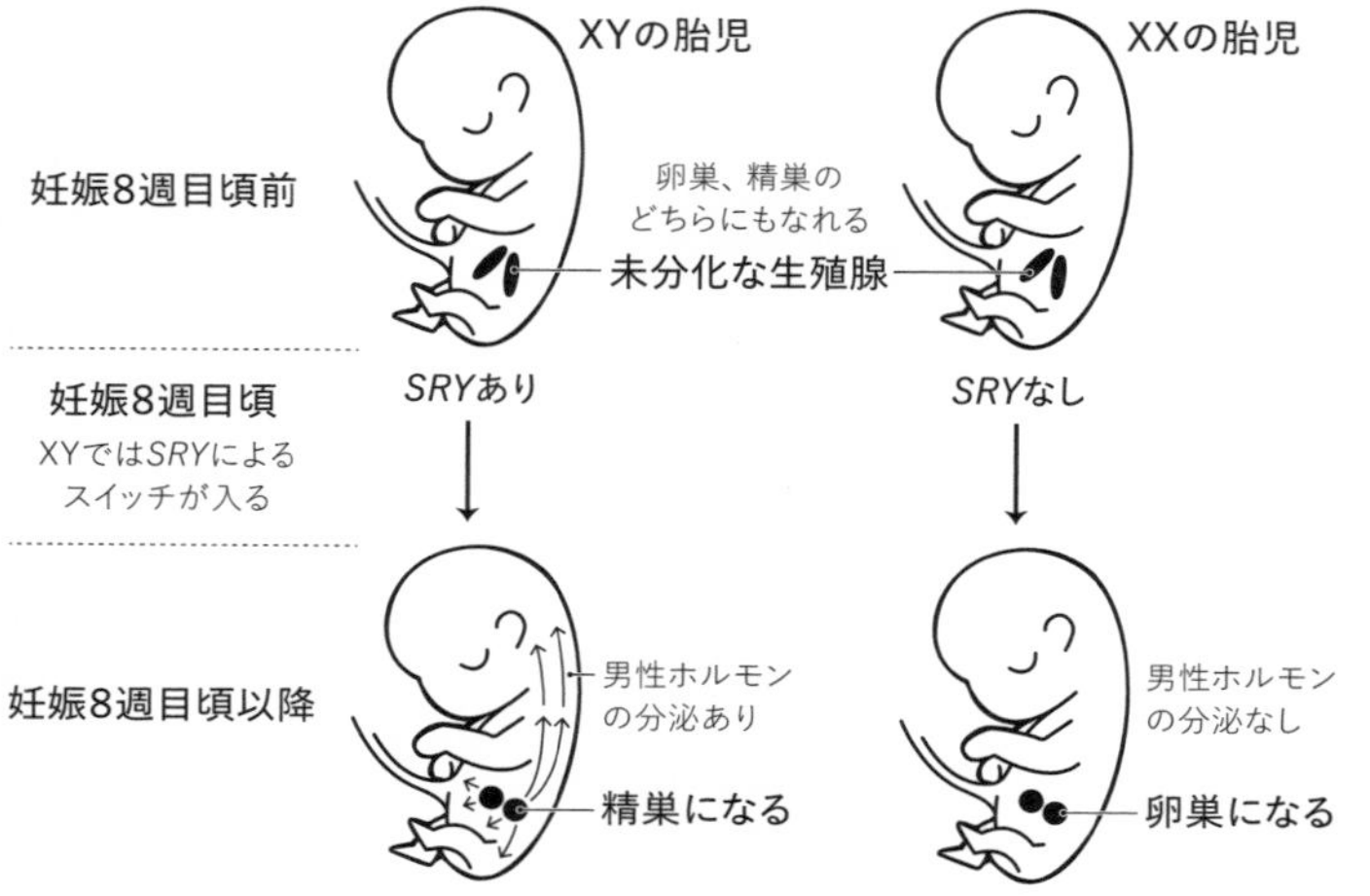

図1-2　精巣・卵巣ができる仕組み（性決定の仕組み）

胎児の形は実際の発生段階のものではない。また、精巣と卵巣ができる時期は異なる。

巣をもつのかあるいは精巣をもつのかを決めることを「性決定」とよびます。

私たちヒトでは、XX型で女性、XY型で男性という一応のルールがあることから、性染色体の組み合わせが決まることが「性決定」だと思っている人がとても多いです。実際に、中学校や高校、大学においてでさえも、このように教えられている例は少なくありません。ですが、これは間違いです。

性染色体の組み合わせが決まるのは、受精の時です。X染色体をもつ卵子が、Ｘ染色体をもつ精子と受精するとその受精卵はＸＸに、Ｙ染色体をもつ精子と受精するとその受精卵はＸＹになります。性染色体の組み合わせは受精卵の段階で決まっているのですが、受精卵はたった1個の細胞であり、将来的に卵巣あるいは精巣のどちらをつくるかは、まだこの段階ではわからないのです。

ではいつその運命が決まるかというと、ヒトの場合は妊娠8週目頃だと考えられています（図1‐2）。妊娠8週目頃までの胎児には、生殖腺[*3]とよばれる一対の器官が発生してきます。生殖腺とは、将来、卵巣あるいは精巣になる元の器官です。この時期の生殖腺はまだ卵巣にも精巣にもなっていないので、「未分化生殖腺」とよばれます。そして未分化生殖腺は、性染色体がＸＸでもＸＹでも、卵巣あるいは精巣のどちらにでもなれる能力をもっていると考えられています。つまり、ＸＸでも精巣をつくるし、ＸＹでも卵巣をつくる可能性は十分にある訳です。ですので、性染色体の組み合わせが決まっていたとしても、「性が決定されている」とはいえません。

そして、分岐点となるのが妊娠8週目です。この頃に、ＸＹの性染色体をもってい

＊3　精子や卵子などの配偶子とよばれる生殖細胞をつくり出す器官。脊椎動物には精巣と卵巣とがある。

ると、Y染色体上の*SRY*遺伝子が働き出します。*SRY*遺伝子がつくり出すタンパク質は転写因子とよばれ、精巣をつくるために必要な他の遺伝子に働きかけることで、精巣の分化を誘導していきます。*SRY*遺伝子の働きが引き金となり精巣がつくられていくことから、私は*SRY*遺伝子を「オトコのスイッチ」とよんでいます。

一方、性染色体がXXだと、Y染色体がなく*SRY*遺伝子もないためスイッチが入らず、卵巣がつくられます。諸説ありますが、ヒトの性はデフォルトが女性だと考えられています。特に何もなければ、卵巣がつくられ女性になるようになっているので、*SRY*のスイッチにより、無理やり男性をつくり出している、というイメージです。

「オトコのスイッチ」がONになると……

*SRY*のスイッチの有無により精巣か卵巣、どちらをつくるかの切り替えが行われるわけですが、精巣や卵巣以外の生殖器官はどのようにつくられるのでしょうか?

図1-3を見て下さい。妊娠8週目頃の、ヒトの胎児の身体の中にある器官の一部

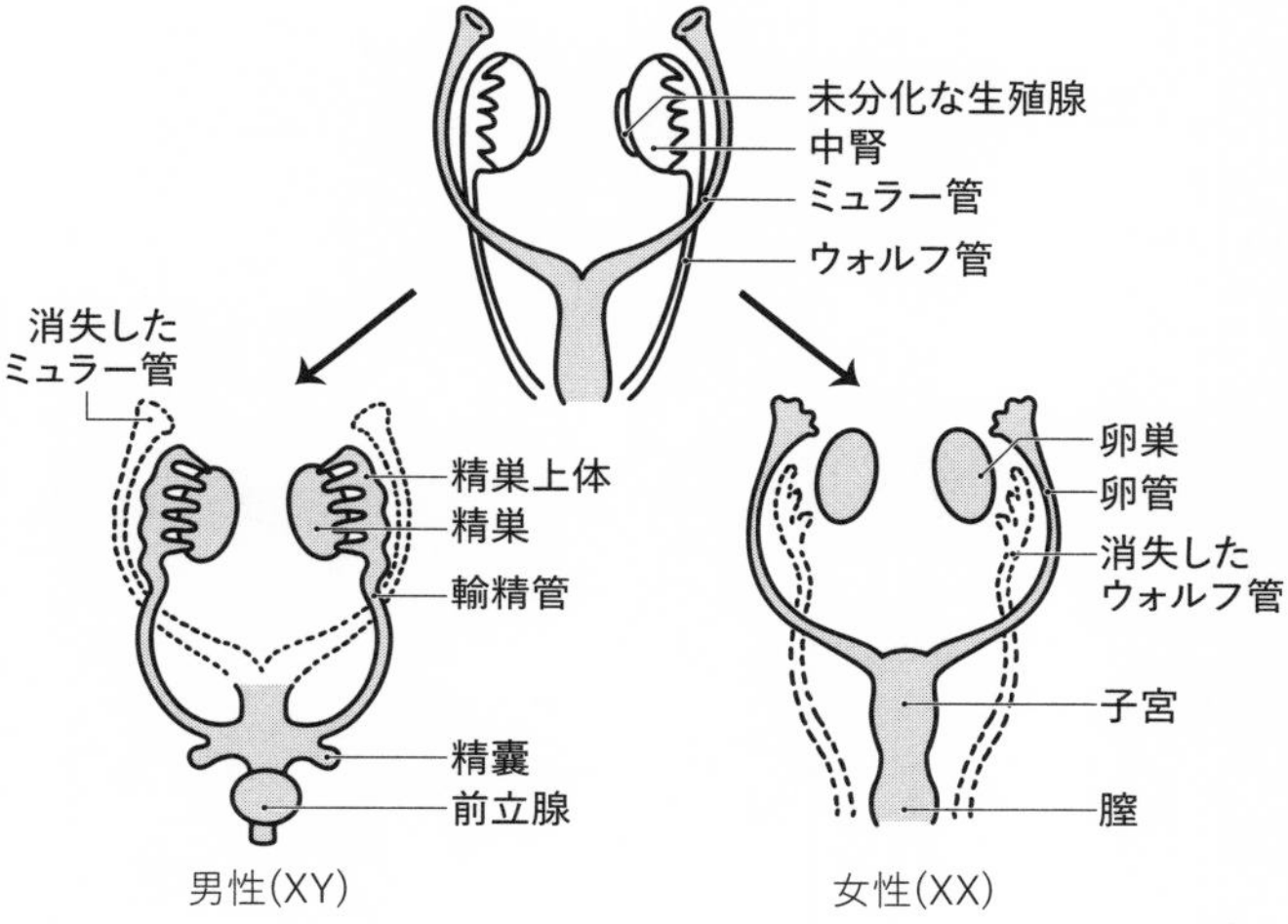

図1-3　生殖器官の性決定

を示したものです。この図を見ると、精巣あるいは卵巣となる生殖腺のすぐ側に、ウォルフ管、ミュラー管とよばれる2種類の管が存在しています。生殖腺に加え、これら2種類の管が、生殖器官の発生には重要です。

*SRY*遺伝子の発現が引き金となって精巣が分化すると、精巣は2種類のホルモンを産生します。ひとつは抗ミュラー管ホルモンとよばれるもので、その名の通り、このホルモンの作用を受けると、ミュラー管が退化し消失していきます。そして精

巣はさらにもうひとつのホルモン、男性ホルモン（英名：アンドロゲン）を分泌します。ウォルフ管は男性ホルモンをあびると発達し、最終的に精巣上体（精巣でつくられた精子を射精まで貯蔵する場所）、精管（精子が通っていく管）、精嚢（精嚢液を分泌して射精のときに精子と混ぜ合わせ精液となる）などに発達していきます。

*SRY*遺伝子がないと卵巣がつくられて、抗ミュラー管ホルモンも男性ホルモンも分泌されません。ウォルフ管は男性ホルモンをあびないと自然に消えていってしまうのでミュラー管だけが残り、残されたミュラー管は最終的に卵管、子宮、膣の一部などに発達してきます。

ホルモンも大切

ここで登場した「ホルモン」について、少し説明しましょう。ホルモンは、身体の様々な働きの調節を行います。主に生命機能を維持したり、成長や成熟、生殖機能を担う重要な伝達物質です。脳の視床下部、甲状腺、すい臓や卵巣・精巣といった様々な器官から分泌され、その種類も100種類を超えるといわれています。

このように、私たちの身体には大変多くのホルモンが存在し、多岐にわたる働きをしてくれているのですが、ホルモン共通の特徴として知られているのは「ごくごく微量で効果がある」という点です。どれくらい微量で働くかというと、日本内分泌学会の公式ウェブサイトでの説明では、「50mプールに水をいっぱいに張って、その中にスプーンで1杯分のホルモンを入れて混ぜた位」とのことです(8)。器官から分泌されたホルモンは血液中に放出され、遠く離れた別の器官の細胞まで運ばれるのですが、血液中のホルモン量はごく微量しかありません。

生殖器官の発達や、身体の性的な特徴をつくり出す役割をもつホルモンのことを「性ホルモン」とよび、特に女性の特徴をつくり出し調節する性ホルモンを「女性ホルモン」、男性の特徴をつくり出し調節する性ホルモンを「男性ホルモン」とよびます。どちらの名称も、複数のホルモンをまとめてよぶ総称です。そして男性ホルモンは精巣から、女性ホルモンは卵巣から、主に分泌されます。

性ホルモンは、その名称が与えるイメージばかりが先行してしまい、誤った認識をもたれている場合が多いように思います。例えば、女性は「女性ホルモン」のみを、男性は「男性ホルモン」のみを分泌して利用しているように思われがちですが、そうではありません。女性も男性も、両方のホルモンを分泌し、利用しています。ただ、その分泌量や依存度が異なるということです。

性ホルモンは、ヒトの体内にある脂質のひとつ、コレステロールを原料としてつくり出されます。コレステロールに対していくつかの酵素が働き、変換されてできるのが男性ホルモンです。さらなる別の酵素の働きで男性ホルモンが変換されて、女性ホルモンの一部がつくられます。「女性ホルモン」と「男性ホルモン」は全く異なる物質だと思われている場合がありますが、これも誤解です。両者はほんの少し化学構造を変えることで変換可能です。

女性は基本的に精巣をもちません。そのため、副腎とよばれる器官や卵巣でコレステロールを産生し、変換して男性ホルモンをつくり出しています。

では、女性の身体で男性ホルモンはどのような働きをしているのでしょうか?

男性でも女性でも、加齢やストレス、生活環境の変化などの様々な要因により、男性ホルモンの分泌量が不足している、あるいはうまく機能できない場合があることが知られています。女性において極端に男性ホルモン量が不足すると、[*4]卵胞の発育に障害が起き、この現象はマウスを用いた実験でも確認されています。実験的に男性ホルモンが働かなくなるようにしたメスのマウスでは、通常のメスに比べ、出産数が半分ほどに減少し、卵巣中の卵胞の成熟に異常が見られると報告されています(9)。

その他にも、男性ホルモンの分泌量が不足することで、骨密度の低下や認知機能の低下、また、心血管疾患リスクの上昇などが起きるため、男性に比べて分泌量は少ないけれども、男性ホルモンは女性においても重要な役割をもつことがわかります。

一方で、男性は、精巣で分泌した男性ホルモンを女性ホルモンに変換しています。男性の体では、女性ホルモンは、骨量の維持や男性ホルモンが過剰になるのを防ぐなどの役割を担っています。

＊4 細胞に取り囲まれた構造をとり、卵子を含むもののことを指す。卵胞構造の状態で卵子は成熟し、排卵にいたる。

プリンセスも毛は生える

多嚢胞性卵巣症候群（ＰＣＯＳ）は、卵巣で男性ホルモンが過剰につくられてしまうことで、排卵しにくくなる疾患として知られています。排卵されないと、先ほどお話しした卵子を含む卵胞という袋状の構造が卵巣内にとどまり、超音波（エコー）検査をすると多くの卵胞（嚢胞）が認められることからこの病名がつけられています。女性の20～30人に１人の割合で見られ、若い女性の排卵障害の主な原因ともいわれています。

ＰＣＯＳの程度は人によって様々ですが、月経不順、体重の増加、過度な倦怠感、ニキビなどの肌のトラブル、体毛が濃くなる、ヒゲが生える、などがあります。濃い体毛やヒゲは、男性特有のもののように思われがちですが、男性ホルモンが多くなれば、女性にだってヒゲは生えます。『グレイテスト・ショーマン』という映画をご覧になったことはあるでしょうか？　２０１７年にアメリカで製作されたミュージカル映画です。この映画に、立派なヒゲをたくわえたレティ・ルッツという女性が登場します。

時代は19世紀半ば、ヒュー・ジャックマン演じる貧しい生い立ちをもつP・T・バーナムが、様々な個性をもちながら差別に苦しみ、日陰に生きてきた人々を集め、型破りなショーを繰り広げるサーカス団を結成します。彼の半生を描いた物語ですが、劇中のレティはサーカスの団員で、そのずばぬけた歌唱力とパフォーマンスで人々を魅了する、重要な役どころです。彼女が歌う「This Is Me（これが私だ）」という劇中歌は、大変感動的です。

この映画は実話を基にしてつくられており、実際にバーナムが経営していたサーカス団に、ヒゲをたくわえた女性が在籍していたといわれています。

女性にヒゲが生えるという現象は、映画のストーリーに限ったものではありません。ストレスや生活習慣の乱れ、更年期などからホルモンバランスが崩れると、女性の口周りにも太い毛が生えたり、毛量が多くなったりすることがあります。女性にヒゲが生えることは、実は身近な現象なのです。

SNSで女性の体毛を支持するハッシュタグ「#LesPrincessesOntDesPoils」が話題になりました。「プリンセスも毛は生える」という意味のフランス語で、このハッシュタグをつけて女性たちが続々と脇毛やすね毛、ヒゲの写真を投稿していきました。

性別による対応の違いを見直そう、生まれつきやホルモンバランスの乱れで体毛が濃い女性が、差別や偏見に苦しまないように理解を深めよう、などのメッセージが込められています。

この活動を支持し、大変有名になった人物がいます。ハーナーム・カウルは、イギリスのスラウに生まれ、12歳の時にＰＣＯＳと診断されています。多毛によるいじめを受けてきたカウルは自傷行為や自殺未遂にまで追い込まれますが、ヒゲを剃ることをやめ、身体に対する偏見に立ち向かう活動家として社会に働きかけていきます。

先に述べたように、性ホルモンに関しては偏見や誤解が多くあるように思います。男性も女性も、両方のホルモンを利用しており、そのバランスが変われば影響を受けることは当たり前です。誰にだって起こり得ることで、決して特別なことではありません。自分の身体のことであるわけですから、まずは性ホルモンについて科学的に正しい知識をもち、そしてその先に偏見や差別が生まれない社会になることを願います。

受けとめてもらうことが大切

男女ともに性ホルモンがとても重要な役割を果たしていることがおわかりいただけたと思いますが、実は性ホルモンは分泌されるだけでは何の効果も発揮できません。性ホルモンが働くためには、ホルモン受容体とよばれるタンパク質の構造体に受け取られる必要があります（次ページ図1‐4）。男性ホルモンは「男性ホルモン受容体」に、女性ホルモンは「女性ホルモン受容体」にそれぞれ受け取られます。性ホルモンは構造的に似ていると説明しましたが、受容体には特異性があって、それぞれが決まったホルモンのみを受け取ります。

分泌された性ホルモンは、血液の流れによって身体の隅々の細胞まで届けられます。細胞膜には受容体が存在し、届けられた性ホルモンを受け取ることで、その信号を細胞内部に伝えます。信号を受け取った細胞は、性ホルモンの種類に応じて、その細胞での遺伝子発現などを変化させます。

受容体は身体の様々な細胞に存在していますが、細胞によって存在する受容体の種類や数に違いがあります。例えば、同じ量の男性ホルモンが分泌されても、男性ホル

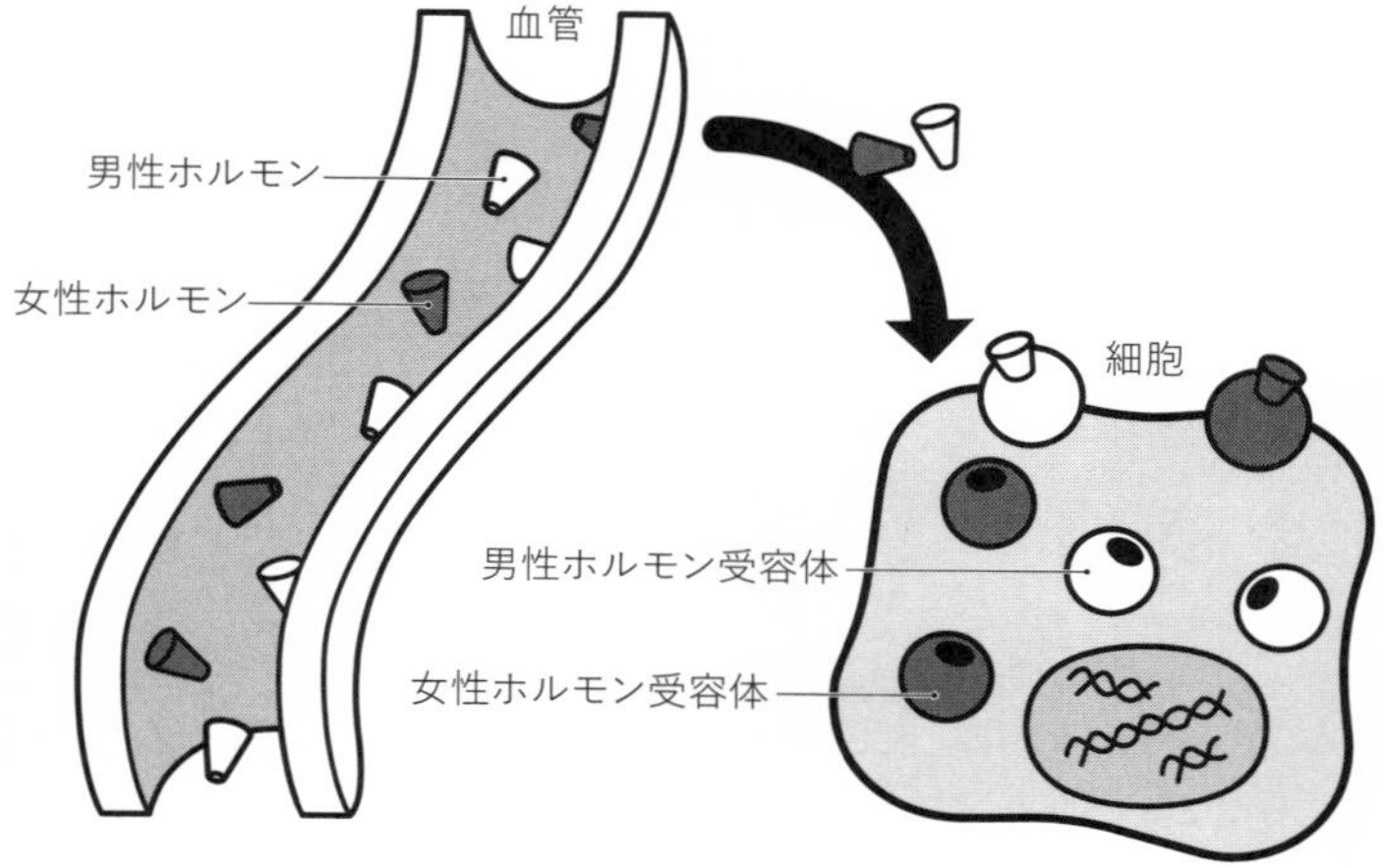

図1-4　性ホルモンと受容体

モン受容体の数が多い細胞の方が、男性ホルモンの効果が高い訳です。

男性ホルモンが分泌されているのに、それを受け取る男性ホルモン受容体が働くことができないと男性の特徴がつくられにくい状態となり、その診断名を「アンドロゲン不応症」とよびます。アンドロゲンは男性ホルモンの英名です。性染色体はXYであるので、*SRY*遺伝子のスイッチ機能が働き精巣がつくられ、そこから男性ホルモンが分泌されるのですが、受容体がうまく受け取れないため男性ホルモンの効果が現れません。そして、微量ながら分泌される女性ホルモンが女性ホルモン受容体に受け取られるため、精巣以外の生殖器官は女性型に発達します。

アンドロゲン不応症は状態に幅があり、身体的な特徴は人により様々ですが、外部生殖器が完全に女性型の場合や、性自認（自身の性をどのように認識しているのか）は女性であるという人も少なくありません。

XYを公言した人気ジャズシンガー

受容体の働きを理解してもらうために、私は大学の講義などで、アメリカのジャズシンガー、イーデン・アトウッドを紹介することがあります。アトウッドは、ジャズシンガーとしてだけでなく、俳優やモデルとしても活躍した時期があり、多彩な才能のもち主です。レコードジャケットの中でたたずむ姿はとても美しく魅力的で、ジャズに明るくない私でもそのハスキーな歌声に聞き惚れてしまいます。そして、彼女は自身がアンドロゲン不応症であることを公言しています。

イーデンはアメリカのテネシー州、メンフィスの出身で、幼い頃からジャズに親しみます。彼女へのインタビュー記事によると、15歳の時に、自身が一般的な女性とは異なる身体的な特徴をもつことに気付き、のちにXYの染色体をもつことやアンドロゲン不応症であることを知ります。イーデンは、自身は女性であると、性自認についても公言しています。アンドロゲン不応症は、卵巣や子宮をもたないために妊娠や出産が難しい場合があり、イーデンは男性パートナーと養子を迎えています。

胎児が浴びるホルモンシャワー

33ページでもお話ししましたが、*SRY*遺伝子が働き精巣の発生が始まるのが、ヒトでは妊娠8週目頃といわれています。胎児の身体に精巣がつくられると、そこから男性ホルモンが大量に分泌されます。この大量分泌は妊娠12週目頃から顕著になり、16週目あたりをピークに22週目頃まで続きます。胎児期におけるこの一過性の男性ホルモン分泌は、「アンドロゲンシャワー」[*5]とよばれています。

大量に分泌された男性ホルモンは、胎児の身体の隅々まで届けられ、後に男性型に発達していくために様々な細胞、組織、器官を整えていくと考えられています。ですので、胎児期に男性ホルモンのシャワーを浴びることは、男性にとって大変重要なイベントです。

このアンドロゲンシャワーをどれくらい浴びたのか、大人になってからも知ることができるといわれています。大変有名なのは、人差し指と薬指の長さを比べる「指比」の研究です。

人差し指と薬指の長さの比は、示《じ》指《し》環《かん》指《し》比《ひ》や、第2指・第4指比（2D：4D比）とよばれ、人差し指の長さを薬指の長さで割った値のことです。男女で指比に差があることは、なんと150年ほども前の1875年に報告されています(10)。人差し指と薬指の長さを比べると、男性は女性よりも人差し指がより短い、つまり指比の値が

＊5　古くから「アンドロゲンシャワー」とよばれるが、より厳密に「テストステロンシャワー」と表現する場合もある。

小さいということが知られています。日本人の双子300人を対象として指比を調べた研究では、男性の平均値が0・951（標準偏差0・035）、女性の平均値が0・968（標準偏差0・028）と報告されています(11)。

指比の研究は世界的に盛んに行われ、男性同士で比べた場合でも、胎児期にアンドロゲンシャワーをより多く浴びた男性ほど、薬指より人差し指がより短い傾向があることが報告されてきました(12)。

男性は指の長さが能力に影響する？

さらに1990〜2000年代には、指比が私たちの様々な特性と相関がある、という報告が相次ぎました。身体能力や行動、判断力、性格や気質、病気のかかりやすさなど、成人してからの男性の様々な特徴に影響を及ぼす、といったものです。

イギリス、スウォンジー大学のジョン・マニング教授は、指比研究の第一人者で、指比と男性の特徴についての研究報告や著書などを多く発表しています。1998年、彼をはじめとする研究グループは、2歳児において指比に性差が現れていることを報告しました(13)。先にお話ししたように、胎児期にはアンドロゲンシャワーが起きて男性ホルモンを大量に分泌しますが、これは一過性のもので、出生前には男性ホルモンの分泌量は低レベルになっています。そして思春期を迎えるまで男性ホルモンの分泌量は少ないままです。*6 つまりこの研究から、指比に見られる性差は、出生後の男性ホルモンの影響ではなく、胎児期における男性ホルモン量の影響ではないかという考察が発展し、この報告以降、指比についての研究が世界中で行われるようになります。

マニング教授は様々なスポーツと指比の関係を調査する研究を行いましたが、中でもイギリスのサッカー選手の指比を調べた大変有名な研究があります(14)。一般男性30名とサッカー選手(選手経験者を含む)30名の指比の値を比べたところ、一般男性の平均は約0・98でしたが、サッカー選手では約0・95と人差し指がより短いことがわかりました。さらに、200名ほどのサッカー選手を対象に、そのクラス分け

*6 正確には、出生直後の新生児期に再度男性ホルモンの分泌量が上昇するが、胎児期よりは低レベルであることが知られている。

に応じて指比を比較したところ、国際的に活躍していた選手やコーチの値の平均は約0・94と、さらに人差し指が短い傾向がわかりました。これは、名プレイヤーほど、胎児期に浴びたアンドロゲンシャワーの量が多いことを示唆します。

では、成人男性における男性ホルモンの分泌量と指比は、関係があるのでしょうか？　これについては、論文によって異なる見解が出ています。人差し指がより短い、つまり胎児期に男性ホルモンを多く浴びたと予想される人ほど、成人後の男性ホルモンの分泌量も多い、という報告(15)もあれば、相関はないとの研究報告もあります。最近の傾向としては、少なくとも健康上に問題のない一般男性においては、成人後の男性ホルモンの分泌量と指比は関係がないと考えられています(16)。

ただし、急激な男性ホルモン値の増加には、指比が関係しているという報告があります。一般的に、攻撃を受けるなどの競争状態になると、男性ホルモン値が急激に増加することが知られています。胎児期に多くの男性ホルモンを浴びた男性ほど、競争状態になると男性ホルモン分泌量を効率的に増加させることができ、そのために筋肉のパフォーマンスが向上する、ということなのです(17)。そのため、先にご紹介したサッカーやラグビーなどの、激しい競争を伴う多くのスポーツの選手においては、男性ホルモンの分泌量と指比との相関があると考えられています。さらに、素早い判断力や迅速な反射行動にも影響し、莫大な利益を上げる金融ディーラーの人差し指が短い、といった研究もあります(18)。

COVID-19にも指比が関係する!?

さらに2020年に入ると、この年の初めから世界中で大流行したCOVID-19(新型コロナウイルス感染症)と指比の関係性に関する論文まで出てきました(19)。新型コロナウイルス感染症の死亡率が、女性に比べて男性に高いという報告があり(20、21)、重症急性呼吸器症候群(SARS)や中東呼吸器症候群(MERS)など、他の病原性コロナウイルスを原因とする感染症においても、同様に男性の死亡率が高いというもの(22)もあります。男性は女性に比べて免疫反応が弱い傾向にあり、コロナウイルスなどを含む様々な感染因子に対して敏感であると考えられています(ただし、自己免疫疾患については、男性よりも女性の罹患率が高いことが知られています。これについては次の第2章でお話しします)。そのため、男性ホルモンが私たちの免疫系に何らかの影響を与えているのではないかと考えられており、新型コロナウイルス感染症と指比の関係についても調査されました。これもマニング教授らの研究です。

25万人以上の新型コロナウイルス感染症患者について調べられ、指比が大きい、つまり胎児期に浴びたアンドロゲンシャワーの量が少ない男性ほど、新型コロナウイルス感染症の重症度と死亡率が高いという結果が得られています。しかし、これには否定的なコメントが寄せられるなど、当時は研究者の間で議論が交わされていました(23、24)。

歴史ある指比の研究ですが、そもそも、なぜ胎児期の男性ホルモン分泌量が指の長さに影響するのか、具体的なメカニズムは未だに明らかになっていません。大変多くの論文があり、指比と身体能力、迅速な判断能力、顔立ちの均整、女性にモテるか?などとの関連が見出《みいだ》されています。一方で、これらに相関はない、再現性がないことを示した論文もいくつかあります(25-28)。

研究対象グループと比較対象グループ間で有意な差が見つかれば研究報告として成り立ってしまうので、その研究から傾向が見出されたことは事実としても、その知見を私たちの実社会や生活にそのまま還元することには慎重になるべきです。

さらに、指比に影響する胎児期のホルモンは、男性ホルモンの分泌量だけでなく、男性ホルモンと女性ホルモンの比率が関係することを明らかにした研究もあります(29)。また、手の平側から測定した指の長さよりも、手の甲の側から測定した長さの方が相関性が高い、といったものもあります。指比研究はとても面白いですが、まだまだ検討されるべき課題がある分野のようです。

この章では、DNA、遺伝子、染色体の関係から、私たちヒトの性の決まり方、ホルモンの働きについてお話ししました。私たちの性は、基本的には、ここで説明したメカニズムでつくられていきますが、実際にはこの通りにならない場合も大変多く知られています。まずは基本ルールを理解していただき、本書の後半では多様な性の在り方についてお話ししたいと思います。

第2章

Y染色体の消えゆく運命

——現在進行形の見えざる恐怖

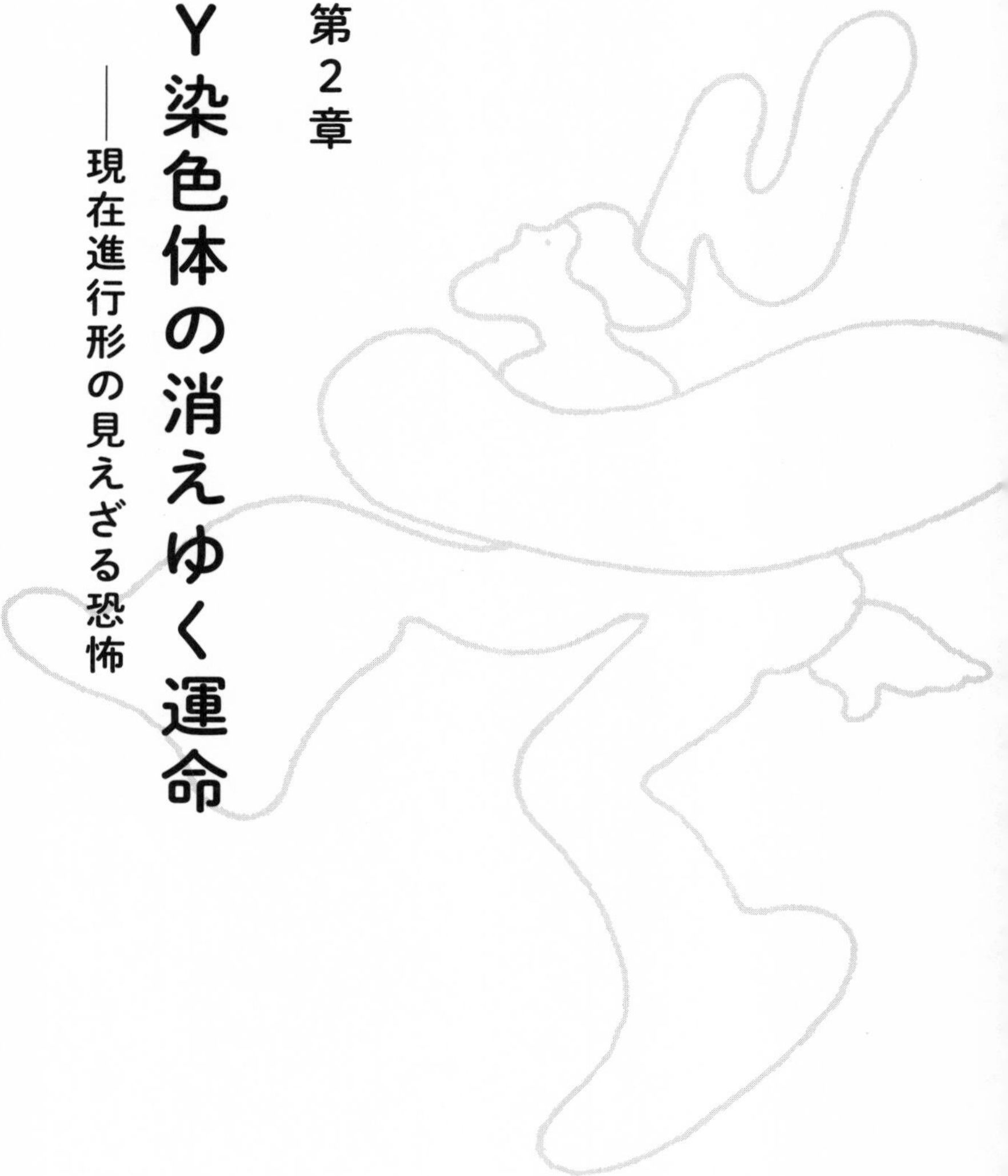

第1章でお話ししたように、Y染色体には性を決める遺伝子が存在することからも、私たちにとって、とても重要な染色体であることはおわかりいただけると思います。しかし、そのY染色体はどんどんと遺伝子を失って小さくなっていき、いつかその存在すらも消えて失《な》くなってしまう、といわれています。Y染色体が失くなってしまうと、性決定遺伝子も失われてしまい、男性は生まれなくなってしまうのではないか？

ヒトを含め哺乳類はメス（女性）だけでは子孫を残すことができないので、Y染色体の消失をきっかけに人類は滅んでしまうのではないか？といった不穏な説もささやかれています。

この章では、Y染色体がなぜ小さくなってしまったか、そして今後はどうなってしまうのか、Y染色体の運命についてお話しします。

偉大な先人たちの仮説

大きいX染色体と小さいY染色体。この2つの染色体が発見されたときから、大きさの差は歴然としていました。遺伝子の数も、X染色体にはおよそ900の遺伝子があるのに対し、Y染色体には100程度しかないと考えられており、9倍もの差があります。そもそも、両者はなぜ大きさや遺伝子の数が違うのでしょうか？

Y染色体の発見以降、偉大な科学者たちも同じ疑問を抱きました。

Y染色体が小さくなってしまった過程を、実験によって直接的に証明するのは、とても難しいことです。なぜなら、私たちがもつY染色体はすでに小さくなってしまっており、現在から遡って以前の状態を見ることは困難だからです。ですので、数理的な理論によりモデルを構築する「理論生物学」の研究によって明らかにされています。ここから得られる結果は、あくまでも理論から推定されるものなので、最初は「予測」に過ぎません。しかし、多くの研究者によりその予測が何度も検証され、Y染色体が小さくなっていった過程については、現在はほぼ確立されたものとして受け入れられています。また、この確立された理論によると、Y染色体はもともとX染色体と同じ染色体であったことがわかっているので、X染色体を調べてY染色体と比較することで、得られる情報もあります。

Y染色体がどのようにして小さくなっていったのか？

その大枠の理論をつくったのは、アメリカの遺伝学者、ハーマン・ジョーゼフ・マラーといわれています。マラーは1890年生まれ。この頃はまだY染色体は発見されておらず、そもそも染色体や遺伝子という概念自体が曖昧な時代でした。マラーはコロンビア大学で学位を取得し、第1章でもご紹介したキイロショウジョウバエを使って遺伝学を展開していたトーマス・ハント・モーガンの研究室に入ります。

話は逸《そ》れますが、マラーの師匠であるモーガン博士は、現在、私たちが当たり前のこととして受け入れている「染色体の中に遺伝子（DNA）が含まれている」という事実を、世界で初めて実証した研究者です。モーガンは、この功績により1933年にノーベル生理学・医学賞を受賞しています。

モーガンは自身が優れた研究者であるのみならず、指導者としても大変優秀でした。なんと、彼の弟子と孫弟子のうち、8人もがノーベル賞を受賞しています。そして、マラーもその一人で、マラーはキイロショウジョウバエにX線を照射すると突然変異の誘導ができることを発見しました。現在の知識でしたら、X線を照射することでDNA配列が壊れて遺伝子配列に変異が生じ、その影響でショウジョウバエの表現型がおかしくなる、と説明することができます。しかし、当時は遺伝子が子孫に伝わる物質であるということさえも理解されていなかったのです。つまり、マラーはこの実験で、遺伝子が物質でできていることを実証したのです。そしてこの功績により、1946年に師匠と同じくノーベル生理学・医学賞を受賞しています。

マラーは、突然変異が起きたことを証明するために、キイロショウジョウバエが雌雄で異なる性染色体をもつこと（第1章でもお話ししましたが、キイロショウジョウバエもメスはXX、オスはXYの性染色体をもつ）を利用しました。それがきっかけになったのかはわかりませんが、マラーは性染色体に大変興味をもち、Y染色体が小さくなっていった過程についても理論を提唱しています(1)。

XとY――同じ染色体だった

マラーは、次のように考えました。XとYはもともと同じ一対の染色体であったが、互いに異なる「非相同な領域」が生まれ、そこから両者の違いがどんどん広がっていった、そして、非相同な領域には、細胞にとって有害な配列が蓄積しやすくなるのだと。有害な配列とは、繰り返し配列や転移因子とよばれるものと考えられており、こういった配列が遺伝子配列の中に挿入されてしまうと、その遺伝子は正常に機能できなくなり、細胞を死に至らしめる場合もあります。

なぜマラーがこの考えにたどりついたのか、の前に、なぜ非相同な領域に有害な配列が蓄積しやすくなるのか、について説明しましょう。精子や卵子など、次の世代の個体になるための細胞は、染色体数を半分に減らすために減数分裂とよばれる分裂を行います。ヒトの染色体数は基本的に46本とお話ししましたが、46本のまま精子と卵子が受精してしまうと染色体は92本になってしまい、その受精卵は死んでしまいます。ですので、染色体数をちょうど半数に減らす分裂を行います。

この減数分裂を行う際に、染色体はお互いが相同であるかを確認するために、ぴったりと寄り添います。これを遺伝学の用語で「対合」とよびます（図2-1）。対合することにより、互いに相同であると確認できた染色体は、互いの領域を交差させ、交換する作業を行います。これを「乗換え」とよびます。もし、突然変異により染色体に有害な配列が挿入されていた場合は、対合の際にお互いが相同でないと判断し、乗換えをストップします。乗換えが起きないと減数分裂が完了しないため、その細胞

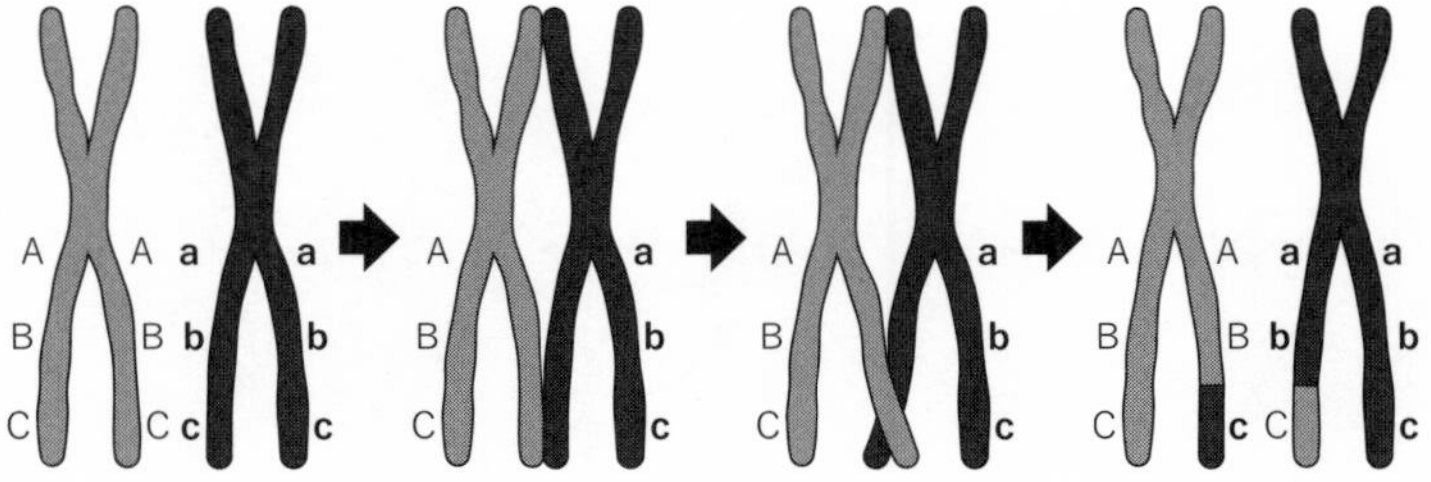

図2-1　染色体の対合・乗換え・組換え

精子や卵子などの配偶子を作るために起きる減数分裂では、染色体同士の乗換えが生じる。乗換えにより遺伝子の組み合わせが変わり、次の世代に伝わることを組換えとよぶ。この図では遺伝子Cとcが組換えられている。

は精子や卵子になることはできません。つまり、対合と乗換えという作業により、有害な配列をもつ染色体を子孫へと引き継がせない、というチェック機構が働くのです。

ですが、もともと非相同な領域は対合も乗換えも起こさないので、チェック機構が働かず、有害な配列がどんどん蓄積していってしまいます。マラーはこの点に気づいたのです。さらに、こういった有害な配列が除去される「欠失」という現象が繰り返し起きて、Y染色体は小さくなったのであろう、と考えました。欠失は、染色体の一部が切れてなくなることです。通常は、欠失が起きる領域の中に遺伝子配列が含まれているとその遺伝子がなくなってしまうので、欠失は細胞にとっては好ましくない現象です。しかし、Y染色体の場合はたとえ遺伝子が失われたとしても有害な配列が取り除かれることにメリットがあったため、欠失が繰り返し起きたと考えられています。

統計学者からの鋭い指摘

完璧なように思えたマラーの理論ですが、まだ完璧ではないと鋭く指摘したのが、ロナルド・フィッシャーでした。フィッシャーはイギリスの統計学者ですが、遺伝学や進化生物学にも強い興味をもち、理論をベースとした研究を行っていました。

実はフィッシャーも、その名を轟かせたのは性染色体の進化理論研究ではありません。フィッシャーは、実験計画法[*1]、分散分析[*2]などといった革新的な統計学理論を唱えたことで世界的に有名な学者です。私は統計学を専門とはしていませんが、実験により得られたデータが信頼性のあるものかを判断するために、統計学の理論を利用することがあり、この理論の基礎をつくったのが、フィッシャーなのです。さらに、性比の問題について進化的説明を行ったことでも知られています。彼は「多くの生物で性比はおおむね1：1となる」と、1930年に発表した著書『The genetical theory of natural selection（自然選択の遺伝学理論）』にて説明し、これを「フィッシャーの原理」とよびます。これは進化生物学における重要なアイディアのひとつとして、広く知られています。

フィッシャーが「Y染色体はなぜ小さくなったのか？」についての進化的理論を考えていたことはあまり知られていないのですが、彼は1935年、マラーの説の問題点を指摘したのです。

フィッシャーの主張はこうです。そもそもXとYが、最初は違いのない同じ染色体

＊1　効率のよい実験方法を設計し、結果を適切に解析することを目的とする統計学の応用分野のひとつ。
＊2　研究で得られた複数のデータ群の平均値が統計学的に有意な差があるのか、それとも誤差なのかを判定する統計手法のひとつ。

であったのであれば、両者が異なる染色体になるきっかけとなった「非相同な領域」が生まれるはずはない、と主張しました。いったん非相同な領域が生み出されれば、マラーの理論で説明できるのですが、この非相同な領域が生まれる仕組みについての説明が不十分だったのです。

そのほかにも、Y染色体は性を決定するという重要な働きをもつため、性決定の仕組みとあわせた理論が必要であるという問題点もありました。こうして科学者たちが様々な検証を繰り返していき、最終的な理論を確立したのは、ブライアン・チャールズワースです。

チャールズワース博士は、1945年生まれのイギリスの進化生物学者です。染色体の進化研究を行う研究者にとって、チャールズワース博士はカリスマ的存在です。2007年にオランダ・アムステルダムで開催された国際学会での彼のシンポジウム講演は、会場に入りきれないくらいの人数が詰めかけ、私も彼を一目見ようとした聴衆の一人でした。幸運にも懇親会のパーティー会場で博士にお会いし、恥ずかしながらツーショット写真を撮ってもらった思い出があります。

どのようにしてY染色体は小さくなったのか

ではここで、偉大な先人たちの手によりまとめられたY染色体進化の理論について、改めて説明しましょう。

もともと、XとY染色体は同じ一対の染色体でした。両者に差はなかったのですが、染色体上にたまたま一方の性にとって都合の良い2つの遺伝子が、互いに近い位置に存在していた、と考えられています。哺乳類は3億年もの歴史をもつといわれており、それくらい遠い昔のことですから、これら2つがどのような遺伝子であったのか、確認のしようもありません。ですので、ここでは便宜上、わかりやすい遺伝子に例えて説明します。

次ページの図2-2を見てください。例えば、遠い昔のXとY染色体には、たまたま精巣の発生に働く遺伝子Aと、精子の運動能力に関わる遺伝子Bが存在していたとします。当時はXとYの差はなかったので、常染色体と同じと考えることができます。しかしある時、現在のY染色体にあたる染色体上の遺伝子Aに変異が起きて、その機能が強化された遺伝子A′となります。つまり、変異型の遺伝子A′をもつと必ず精巣が

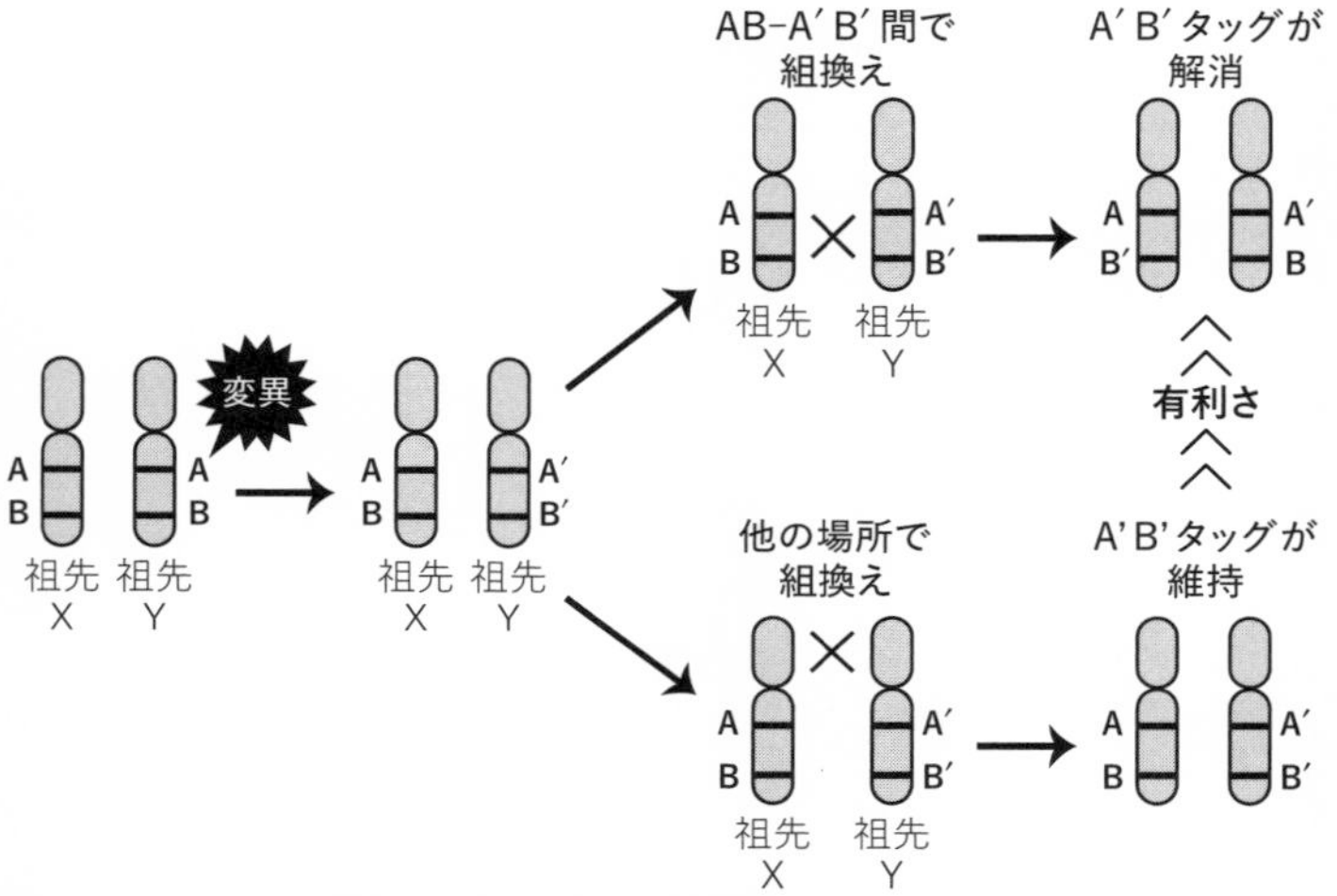

図2-2　Y染色体の誕生と組換えの関係

変異が生じて機能が強化されたA′とB′のタッグ（組み合わせ）を持つオスの方が有利であるため、ABとA′B′間以外の場所で組換えが起きた染色体を引き継いだオスが優先的に残っていく。

できるようになる、すなわち遺伝子Aは性決定遺伝子A′に進化したわけです。さらに、これもたまたまですが、近接する遺伝子Bにも変異が起き、変異型の遺伝子Bをもつと精子の運動能力がよりアップするようになります。変異型遺伝子A′とB′の両方をもつと、その個体は必ずオスになり、さらに精子の運動能力もアップするので、子孫を残しやすくなります。

しかし、先に説明した染色体の対合と乗換えがこれら遺伝子の間で生じると、変異型遺伝子

A′とB′の組み合わせは解消されてしまいます。これを遺伝子の「組換え」とよびますが、組み換えられるとA′とBあるいはAとB′という組み合わせをもつ個体が生まれます。A′とBをもつ個体はオスになりますが、精子の運動能力はそれほど高くはありません。AとB′をもつ個体はオスにならないかもしれません。つまり、理論上は組換えの有無で4通りの組み合わせの個体が生まれるのですが、遺伝子の組換えが起きていないA′とB′をもつ個体が、オスとして有利となり子孫を多く残していきます。

先にお話ししたように、染色体の対合と乗換えは、有害な配列をもつ染色体を子孫へと引き継がせないチェック機構として機能しています。優先的に子孫を残すと考えられるオスは、A′とB′周辺の染色体領域で対合と乗換えが起きていないので、このチェック機構が働かずに有害な配列がたまっていきます。そうすると、これもまた偶然にですが、この有害な配列を含む染色体の領域が欠落する「欠失」という現象が起き、欠失が起きた染色体、すなわち少し短くなった染色体が優先的に残されていきます。この時、遺伝子も巻き込まれて失われていきますが、オスに有利な遺伝子の組み合わせを残しつつ有害な配列が取り除かれることにメリットがあり、他の遺伝子は犠牲になっていきました。こうして、「有害な配列の蓄積」→「欠失」→「染色体が短くなる」を延々と繰り返し、現在のY染色体はとても小さくなってしまった、と考えられています。

さらに「逆位」という染色体の構造変化が、Y染色体の進化に拍車をかけたと考えられています(2)。逆位とは、染色体の一部が切れて、切れた断片がひっくり返ってまたつながるという、染色体に起きる構造変異のひとつです。欠失のように遺伝子が失くなるわけではないので、比較的受け継がれやすい変異ではあるのですが、遺伝子の順番が逆さになってしまいます。例えば、元々の染色体はa↓b↓c↓d↓eといった遺伝子の順番で並んでいたものが、aとb遺伝子の間と、dとe遺伝子の間で切れて、ひっくり返ってつながると、その順番はa↓d↓c↓b↓eとなります。そうすると相手となる染色体とは相同ではなくなり、逆位が起きた領域では、対合と乗換えが起きず、広範囲にかつ短期間で、有害な配列が蓄積していきます。私たち哺乳類の祖先では、性染色体に大規模な逆位が複数回起きたと考えられています。

Y染色体が小さくなっていく仕組み、とても難しいなと感じられる方も多いかもしれません。これまでの説明にでてきた用語は、遺伝学や進化学の専門用語でもありますし、専門分野として学ぼうとしている大学生や大学院生に教えても、理解が難しい場合があるほどです。ですので、細かな仕組みはさておき、Y染色体が消失の運命をたどることになったきっかけは偶然にもたらされたものであったこと、ひとたび消失の道をたどると坂道を転げ落ちるように進んでいくこと、そして現在もなお消失への歩みはとどまることなく、Y染色体の消失は現在進行形である、ということを理解していただければと思います。

「退化」か「進化」か

少し話は逸れます。Y染色体は遺伝子を失い小さくなっているので、Y染色体は「退化」している、と表現するのが、皆さんにはわかりやすいかもしれません。しかし、厳密に説明しますと、「退化」も「進化」のひとつの形なので、私はY染色体が小さくなることを「Y染色体の進化」と表現しています。

多くの生物がもっている器官やその機能を失ってしまった生物たちがいます。例えば、脚のないヘビ、飛ぶことができないペンギン、目のないヌタウナギなどが知られています。

現存する3000種類以上のヘビは、脚がない、あるいは非常に縮小した脚のみをもちますが、ヘビの祖先種には脚があったことが知られています。もともとあった脚がなくなったので、一般的には「ヘビの脚は退化した」と表現します。ヘビの祖先がどのような環境に生息していたのかは諸説あるのですが、ヘビの起源を探る研究では、ヘビの祖先は地中生活を行い、体をくねらせて土の中を進みやすいように脚がなくなったことが示唆されています(3)。つまり、生息環境に適応するために、脚を失う方向に「進化」した、ということです。

Y染色体も、遺伝子を失い小さくなるように「進化」してきました。多くの遺伝子が失われ、この先の存続が危ぶまれていますので、ネガティブなイメージを抱きやすい「退化」がしっくりくる表現なのですが、おそらく哺乳類が進化してきた過程では、遺伝子を失いながらもY染色体をもち続ける方が適応的であったのだと考えられます。ただし、どのように適応的であったのか、つまり、どんなメリットやアドバンテージがあってY染色体が小さくなってきたのか、具体的な理由などは明らかになっていません。

Y染色体はいつか消える

Y染色体がなぜ小さくなってしまったのか、過去の経緯については偉大な先人が研究を積み重ね、概要はわかってきました。しかし、では、今後どうなるのか？ということについて、明確に議論した研究者はいませんでした。そんな中、世界で初めてY染色体の運命について明言したのは、当時オーストラリア国立大学の教授であった、ジェニファー・グレイブス博士です。私の知る限りでは、博士は世界で初めて「Y染色体はいつか消えてなくなる」と提唱した研究者です。

グレイブス博士は哺乳類の性染色体やゲノムの進化について、世界的に注目を集める論文を数多く発表されています。特にオーストラリア特有の哺乳類であるカンガルーやコアラなどの有袋類、また、哺乳類でありながら卵を産むといった原始的な特徴をもつカモノハシなどの単孔類の研究で、大きな功績を残されています。私が大学院生であった頃、博士の論文を読み、「性染色体の進化研究って、こんなに面白いんだ！」と衝撃を受けました。Y染色体が小さくなっていく過程を考えれば、当然、この先も遺伝子を失い続けていくことは明らかなのですが、誰にもその発想はありませんでした。Y染色体は男性決定に重要な存在なので、当たり前のように存在し続けると、科学者たちは疑問にも思わなかったのかもしれません。「いつか消える」といってのけるグレイブス博士の発想は、多くの科学者たちも目からウロコでした。

当時大学院生であった私は、博士の発想の豊かさや大胆さに、尊敬の念と憧れを抱きました。現在、私が性染色体の研究を行っているのが、博士の影響によることは間違いありません。

博士の予言

グレイブス博士は、2006年に、世界最高峰ともいわれている学術雑誌『Cell』に、Y染色体消失についての総説論文を発表しました。「Sex Chromosome Specialization and Degeneration in Mammals（哺乳類の性染色体の特殊化と退化）」(4)と題された総説では、私たちのY染色体がこれまで歩んできた道のり、そして今後Y染色体がたどりゆく運命について語られています。

今後、Y染色体はどうなってしまうのか、を推定することは、実はY染色体がどのように小さくなってきたのかを推定するよりも、もっと難しいと考えられます。進化学とは、その生物（この場合は染色体）が過去にどのような進化をしてきたのかを調べ、考える学問であり、基本的には過去を振り返る研究です。生物が残した進化の痕跡、例えば化石や遺伝子、染色体などを調べることで、過去を知ることはある程度は可能です。Y染色体が小さくなった過程についても、理論によって推定された部分は大きいですが、先にお話ししたように、もともとの相棒であったX染色体と比較することで、その進化の痕跡を見ることができます。しかし、将来どうなるか、についてはは全くの予測となってしまうのです。

グレイブス博士は、丁寧なシミュレーションを重ねました。哺乳類が登場したと考えられている3億1千万年前をスタートとし、現在までにどのようなスピードで遺伝子が失われていったのか、いくつかのモデルを予測しました。博士が予測したものの中から、代表的な4つのモデルをご紹介しましょう。

【1】遺伝子1個あたりの消失年数

最も単純なモデルでは、3億1千万年という時間を、現在残されている遺伝子の数で割れば、遺伝子1個あたりの消失年数を計算することができます。そして、これら遺伝子全てが何年後に消失するかを予測することができます。

ですが、この計算方法は適切ではありません。現在のY染色体に残された遺伝子は、哺乳類にとって重要であるため、長い進化の年月の間、選択され残されてきた遺伝子と考えられます。すると、消失速度は、その遺伝子の機能などによって遺伝子ごとに異なるため、単純な比例計算を当てはめることはできません。つまり、遺伝子は一定の速度で消失するわけではないのです。

グレイブス博士も論文中で、このモデルは実際にそぐわないと言及しています。

【2】消失速度が急速↓ゆっくり

次に、哺乳類が登場してから比較的早い時期に、Y染色体の遺伝子は急激にその数を減らしたが、現在はその消失速度がゆっくりになっている、というモデルがあります。これは、Y染色体の遺伝子が500個へ、さらに20

0個へと減少した時の速度が速かったという研究報告に基づいています(5)。

【3】消失速度がゆっくり↓速い↓ゆっくり

また、初期の消失速度はゆっくりであったけれども、中盤に速くなり、後半にまたゆっくりとなる、といったモデルもあります。

【4】過去二度の遺伝子増

さらに、もっと複雑なモデルもあります。後に説明しますが、私たちのY染色体は、ずっと遺伝子消失の一途をたどってきたわけではなく、過去に少なくとも2回、遺伝子の数が増えたことがあったという報告があるのです。

消失までの時間稼ぎ

ここで少し、哺乳類の進化と分類について説明します。哺乳類は3つのグループに分けられています（次ページ図2-3）。進化的に古く、最も原始的な特徴を残しているといわれているグループは単孔類[*3]とよばれ、くちばしをもち、卵を産み、母乳で子

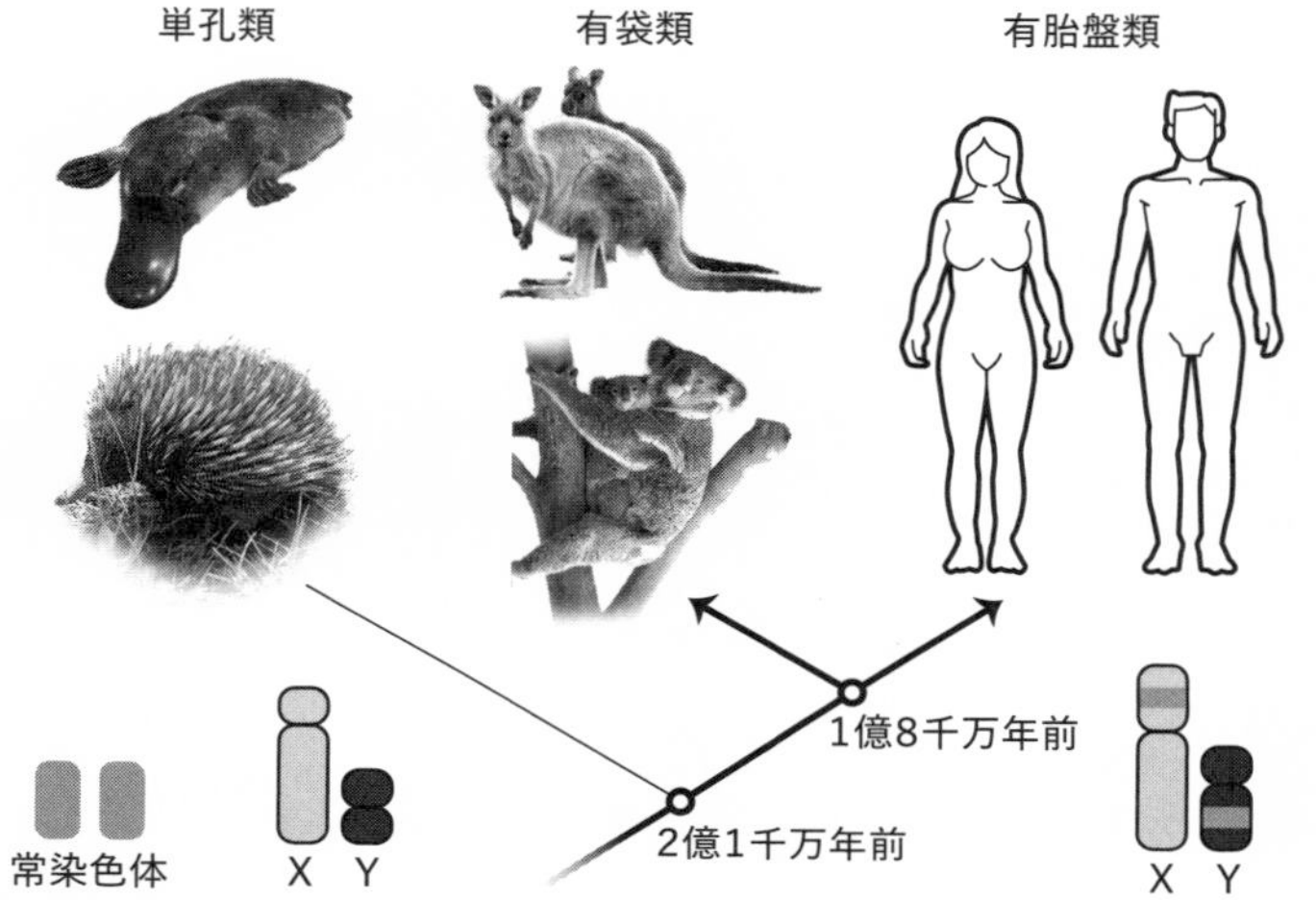

図2-3　哺乳類の3つのグループと常染色体とY染色体の融合

有胎盤類では、有袋類と分岐した後に、一対の常染色体がX染色体とY染色体に融合した。

写真=©朝日新聞社

どもを育てます。現存する単孔類はカモノハシ科とハリモグラ科の2種類のみで、オーストラリア、タスマニア、ニューギニアにしか生息していません。

余談ですが、イギリスで開かれた国際学会に参加した際に、ロンドンの大英博物館を訪れ、展示されていたカモノハシの剥製を見たことがあります。1798年、当時イギリスの植民地であったオーストラリアから、カモノハシの標本が大英博物館に送られてきたのですが、「哺乳類、爬虫類、鳥類の特徴をあわせもつ」ので、当時の学者には本物だと信じてもらえず、いくつかの動物のパーツを縫い合わせた合成の標本だと思われていたそうです。

もうひとつのグループは、お腹《なか》のふくろ（育児嚢）で子どもを育てる有袋類。カンガルーやコアラなどはよく知られていますね。有袋類は卵ではなく子どもを出産しますが、大変未熟な状態で生まれてきます。例えば、アカカンガルーのメスは体長10 0㎝、体重30㎏ほどですが、生まれてくる赤ちゃんはたったの2㎝ほどの大きさです。小さな赤ちゃんは育児嚢に入り、母乳を飲んで育ちます。

最後のグループは有胎盤類とよばれ、私たちヒトを含むほとんどの哺乳類種がここに分類されます。最大の特徴は、胎盤という器官を発達させ、母親の子宮の中で胎盤を介して胎児に栄養を与える「胎生」という仕組みをしっかりと確立させていることです。

本題に戻ります。有胎盤類のY染色体上の一部の領域は、有袋類や単孔類で常染色体として存在していることがわかっています（図2‐3）。これは、先にご紹介した

＊3　単孔目に属する動物の総称。

グレイブス博士の研究グループによる報告なのですが、つまり、もともと常染色体として存在していた領域とそこに含まれる遺伝子が、有胎盤類が分岐したといわれている1億8千万年前以降にY染色体に移動してきた、ということを意味します。染色体の一部が別の染色体に移動することを、遺伝学の用語で「転座」といいますが、私たちのY染色体は過去に常染色体が転座してくることで遺伝子が追加された、ということが解明されているのです。

つまり、Y染色体は遺伝子を失うばかりではなく、時には他の染色体から遺伝子をもらって補充し、消失に至るまでの時間稼ぎをすることができるのです。そういった現象を加味したモデルで検証しても、Y染色体は数百万年後には消えてしまうであろうと予測されています。

あなたの身体でも消えはじめた「Y」

なんだ、Y染色体が失くなるといってもまだ随分と先の話なんだな、と拍子抜けした人もいるかもしれませんね。進化の年代はとても大きなスケールなので、現実味を感じないかもしれません。ですが、この年数は「遅くとも」という前提で計算されたもので、諸々の条件がそろえばもっと早くにY染色体は消失する、とも予想されています。

また、最近の研究から、ヒトの進化といった大きなスケールではなく、実際に男性の身体中の細胞から、すでにY染色体が消失し始めていることがわかっています。一般的な男性の細胞の中には、X染色体1本とY染色体1本を含む、合計46本の染色体が存在しているはずです。しかし、これらの細胞からY染色体が失われ、性染色体がX染色体1本のみの45本となる現象があり、「モザイクY染色体喪失」とよばれています（次ページ図2-4左）。この現象について、国内では、国立成育医療研究センターの深見真紀博士らの研究グループにより、精力的に臨床研究が進められています(6)。

「モザイクY染色体喪失」は、もともとは男性の老化現象のひとつと考えられていました。若い頃の細胞はY染色体を保持していますが、加齢とともにY染色体が抜け落ちていき、70歳以上の一般男性のうちの1割以上は、Y染色体が消失した細胞をもつ、

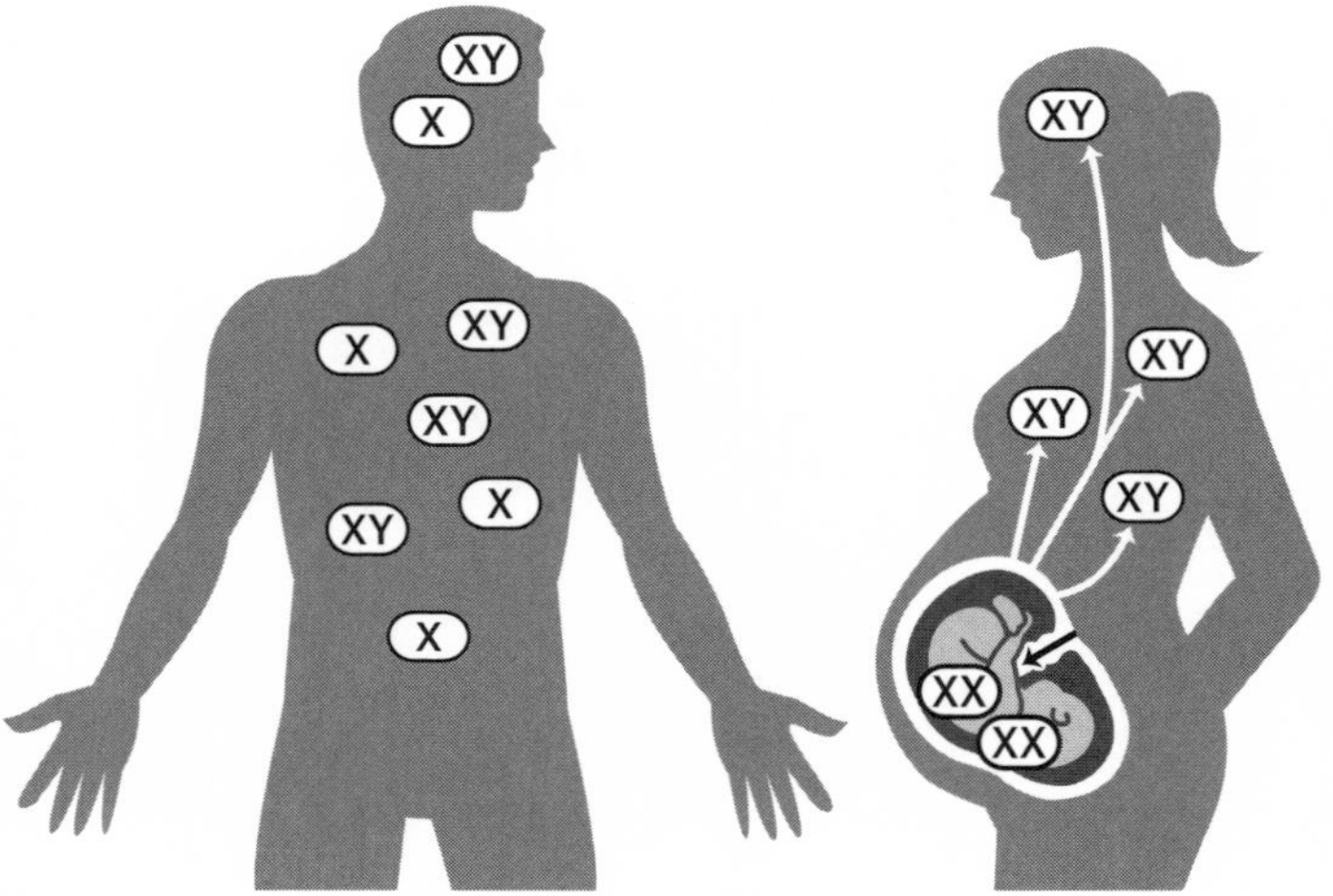

図2-4　モザイクY染色体喪失とマイクロキメリズム

（左）男性の細胞からY染色体が失われていくモザイクY染色体喪失。
（右）胎児と母体の間で細胞の移動が起きるマイクロキメリズム。胎児がXYの場合母親にXYの細胞が、胎児にXXの細胞が移動する。

といわれています。血液中の細胞を調べた研究報告では、70代の男性ではおよそ30％の血液細胞でY染色体が失われているのに対し、80代の男性だと約50％、80－90代だと約90％にもなり、ほとんどの細胞でY染色体が失われていることがわかっています[7]。

この現象が発見された当初は、高齢男性に限った現象であると考えられていました[7-9]。しかし、研究が進むにつれ、そうではないということがわかってきたのです。深見博士らの研究グループは、モザイクY染色体喪失が胎児期や小児期、青年期など、様々な年代でも起きていることを報告しています(10、11)。また、喫煙によりY染色体の喪失頻度が増加することも知られており(12)、何らかの環境要因が直接的に細胞に影響してY染色体が失われるのではないか、とも考えられています。

「Y」消失は疾患リスクを高める

Y染色体をもたない細胞が増えると、男性にどのような影響があるのでしょうか？細胞からY染色体が失われると、寿命が短くなる、アルツハイマー病や自己免疫疾患、がんなどの疾患リスクが増加する、といった研究報告があります(7-9、13、14)。Y染色体が失われるとなぜこれらの病気が発症するのか、具体的な因果関係はわかっていませんが、Y染色体上の遺伝子が失われることで、免疫機能が異常となり病気となる可能性が示唆されています(15)。

Y染色体喪失は心臓病のリスクを高める、という実験動物を使った研究もあります(16)。大阪公立大学（現在は国立循環器病研究センター）の佐野《さの》宗一《そういち》博士は、スウェーデンのウプサラ大学、アメリカのバージニア大学との国際共同研究により、人工的に標的遺伝子を壊すことができる遺伝子改変技術と骨髄移植技術を用いて、Y染色体が除去された造血幹細胞[4]をもつY染色体喪失マウスをつくることに成功しました。Y染色体喪失マウスは、野生型のマウスに比べて短命で、心臓、肺、腎臓などの臓器[5]の線維化が起こりやすく、さらに、心不全の予後が悪いこともわかりました。

　そこで、Y染色体が除去された細胞をさらに詳しく調べたところ、マクロファージとよばれる白血球が、Y染色体がないと線維化を引き起こす物質を多く産生し、線維化の促進や心不全悪化の原因となることが示されたのです。

　さらに研究チームは、ヒトの調査からも、Y染色体喪失により男性の心不全死のリスクが1・8倍も増加することを明らかにしています。

母親は息子から「Y」をもらう

たとえY染色体をもって生まれたとしても、それは一生涯保持されるわけではないことをおわかりいただけたでしょうか。Y染色体は失われやすい不安定な存在であることに加え、細胞の性は時間の経過とともに変化するものだということも知っていただければと思います。女性はXX、男性はXYで生まれ、一生涯変化することはないと思い込んでいる人が、とても多いように思いますが、決してそうではないのです。

女性においてもXYの細胞をもつようになることが知られています。妊娠中の母親と胎児の間には、胎盤を介した少数の細胞の移動があることが知られています。この現象は「母児間マイクロキメリズム」とよばれており、母体内に胎児の細胞が侵入する場合と、胎児の身体に母親の細胞が侵入する場合の両方が知られています（80ページの図2-4右）。これらの侵入した細胞は、出生後に消失してしまうこともありますが、長期にわたって定着することも知られています。母児間マイクロキメリズムは、胎児が女の子であろうと男の子であろうと性に無関係に起きる現象ですが、胎児がX

＊4　血液のもとになる細胞。
＊5　線維成分が蓄積し臓器が硬くなること。

Yの男の子であった場合は、ＸＸの母親に胎児のＸＹ細胞が、ＸＹの胎児に母親のＸＸ細胞が侵入することになります。つまり、母親も胎児も、細胞の数としては少ないにしろ、ＸＸ細胞とＸＹ細胞が混ざり合っている状態（キメラ）となるわけです。

そして、男の子の胎児がもつ染色体のうち、Ｙを含む半分は、そもそも胎児の父親、つまり母親にとってのパートナーから受け継いだものなので、女性の身体にパートナーである男性の染色体が混ざりこんでいることになります。

妊娠あるいは出産経験のある女性の血液を調べた研究があります(17)。男児の出産経験がある女性の血液を調べた結果、なんと19人中13人から男性のＤＮＡが検出されており、胎児の細胞が高頻度で母体内に侵入していることがわかっています。胎児の細胞は、母親の血液中に存在していることが知られており、27年前に男児を出産した母親からもその胎児由来の細胞が見つかっています。つまり、息子の細胞が27年もの間、母親の血液中に存在し続けていることになります。さらに血液中だけでなく、脳や心臓、皮膚、肝臓、脾臓など、様々な組織、器官から胎児由来の細胞が見つかっています(18)。

マイクロキメリズムが女性に及ぼす影響

マイクロキメリズムは、女性にどのような影響を与えるのでしょうか？

病気の原因やなりやすさ（罹患率や発症率など）には性差があるものもあります。自己免疫疾患は、男性よりも女性の罹患率が高く、アメリカでは自己免疫疾患に罹患している患者850万人のうち、8割が女性であることが報告されています。日本においても免疫疾患における女性の比率は、男性の2〜10倍ほど高く、自己免疫疾患は性差がはっきりとしている病気の代表例です(19)。

細菌やウイルスなどの自己と異なる物が体内に侵入してきた場合、これらを排除するために私たちの身体に備わっている仕組みが免疫系です。自己免疫疾患とは、この免疫系が本来の働きをせずに、自分自身の細胞や組織に対してまで過剰に反応し、攻撃を加えてしまうことで異常をきたす疾患の総称です。自己免疫疾患には、全身に影響を及ぼす関節リウマチや全身性エリテマトーデスなどの膠原病《こうげんびょう》や、特定の臓器のみに影響を及ぼすバセドウ病や橋本病などがあります。

なぜこういった自己免疫疾患が女性に多いのか、その原因はいくつか考えられています。ひとつは性ホルモンの影響です。自己免疫疾患の中には、女性ホルモンによる影響を受けるものがあります(20、21)。一方で、女性ホルモンではなく、男性ホルモンの低下が関係しているとの報告もあり、自己免疫疾患の種類によって性ホルモンとの関わりは様々なようですが、女性特有の性ホルモンの状態が影響しているようです。

もうひとつが、マイクロキメリズムです。全身性強皮症は、皮膚や様々な内臓が徐々に硬くなる、手足の先の血行が悪くなる、などを特徴とする膠原病のひとつです。男児の出産歴のある全身性強皮症患者を調べた研究報告では、患者の血液や皮膚においてY染色体由来のDNAが高頻度に見つかっています(22)。つまり、男児の細胞が混在しているマイクロキメリズムが原因で発症しているのではないか、ということが示唆されているのです。その他の自己免疫疾患においても、マイクロキメリズムとの関係が報告されています(18)。しかし、全ての症例がマイクロキメリズムで説明できるわけではなく、自己免疫疾患には未だ原因不明のものもあり、その発症要因は様々であると考えられます。

男性不妊とY染色体

大学生や一般市民の方々にY染色体の退化や消失の話をすると、必ずといっていいほど「Y染色体の退化と男性不妊は関係がありますか？」という質問が出てきます。Y染色体上の遺伝子には、第1章でお話しした性決定遺伝子の他に、精子形成に必須な機能をもつ遺伝子が存在しています。Y染色体上の遺伝子は、男性になること、すなわち精巣をつくることを決め、つくられた精巣の中で精子をつくるという、男性にとってなくてはならない働きをもつのです。

精子形成に働く遺伝子が存在するY染色体上の場所に欠失が起きると、これらの遺伝子が働かないために精子形成がうまく進まず、無精子症[*6]あるいは乏《ぼう》精子症[*7]という男性不妊症となることが知られています。これらの遺伝子が存在している場所は、AZ[*8]

＊6　射出精液中の精子数が極端に少ない、あるいは全くない状態。
＊7　精子の数が一般的な値よりも少ない状態のこと。値によって、軽度、中等度、高度に分けられる。
＊8　azoospermia factor の略。無精子症因子領域ともよぶ。

F領域と呼ばれており、Y染色体にはこのAZF領域が少なくとも3カ所あることが知られています。

ですので、Y染色体の退化と男性不妊は大いに関係があるといえば確かにそうなのですが、ここで少し注意しなければならないのは、少なくとも現時点では、男性不妊の原因は必ずしもY染色体にあるのではなく、多岐にわたる、ということです。

以前は、男性不妊の主原因はY染色体にあると考えられていました。しかし、2000年代に入り男性不妊の研究が進むと、無精子症男性のうちY染色体に原因がある人は7%程度だと報告されています(23)。つまり、93%はY染色体以外に原因があり、ホルモン異常や精子の通り道である精管の問題などが知られているものの、実は原因不明な場合が最も多いのです。

2021年の調査では、不妊の検査・治療を受けたことのある夫婦は22・7%(4・4組に1組)であり、2015年の調査結果の18・2%から、増加傾向にあることがわかっています(24)。また、結婚5年未満の夫婦の6・7%が不妊の検査・治療を受けており、日本は不妊治療大国といわれています。

不妊の原因は女性側にあると考えられがちですが、男女両方に、あるいは男性側のみに原因があるケースもあり、少子化が大きな問題となっている日本では、Y染色体を含め、不妊の原因解明につながる医学研究の進展が望まれています。

止まらない現代男性の精子数減少

不妊が増加傾向にあるなか、さらに追い討ちをかけるような事実があります。現代男性の精子の数が、減少しているというのです。

2017年、衝撃的な論文が報告されました(25)。イスラエル、アメリカ、デンマーク、ブラジル、スペインの共同研究チームは、不妊ではない男性の精子濃度と総精子数が報告されている膨大な数の研究論文を精査し、これら論文に記載された大量のデータを解析しました。このように複数の研究結果を統合して解析する統計手法のことを「メタ解析」とよび、膨大なデータ数を扱うことにより、個々の研究よりも正確で信頼できる結論を導き出すことができるため、近年注目を集めています。

メタ解析に用いたデータは、1973年から2011年にかけて収集されたもので、

6大陸50カ国、4万2935人もの男性を対象としています。研究チームが、38年間での男性の精子濃度と精子数の推移を調べたところ、北アメリカ、ヨーロッパ、オーストラリア、ニュージーランドの男性で、50～60％も精子数が減少していたのです。つまり、現代男性は、その祖父の世代に比べて、半分以上も精子数が減少していることが明らかになったのです。

この研究グループは継続的にメタ解析を実施し、2023年に新しい研究論文を報告しています(26)。前回の論文で用いたデータは2011年までのものですが、新しい論文では2018年までの新しいデータを含み、さらに前回はデータ数が少なく信頼性のある結果が得られなかった南アメリカ、中央アメリカ、アジア、アフリカの男性のデータが追加されました。つまり、調査地域が広がり、また、より最近の男性の精子数を解析することができました。

新しい論文ではさらに驚く結果が報告されています。研究チームは、1年経つごとにどれだけ精子数が減少するか、精子数の推移を計算しました。その結果、2000年までは1年ごとに1・16％ずつ減少していました。しかし、2000年以降はその減少スピードが加速しており、1年ごとに2・64％も減少していることがわかったのです。そして前回の論文では、限られた国のみで精子数の減少傾向が見られていましたが、データが追加された新しい論文では、国・地域に限らず、世界規模で精子数が減少していることが明らかになったのです。

日本人男性の精子——衝撃の事実

日本人男性の精子数を調査した研究報告もあります(27)。聖マリアンナ医科大学と国際医療福祉大学の共同研究グループは、日欧の国際共同研究を実施し、20〜44歳の日本人男性324人(平均年齢32・5歳)の精子数を、ヨーロッパ4カ国(フィンランド、スコットランド、フランス、デンマーク)の男性の精子数と比較しました。この研究では、年齢などの諸条件を各国でそろえ、さらに禁欲期間の長さの違いによる影響が出ないよう補正し、各国男性の精子数を統計的に比較解析しています。

その結果、日本人男性の精子数が最も少ないことがわかったのです。その数は、最も多かったフィンランド男性のおよそ3分の2でした。

男性の精液中に存在する精子の数は、1mlあたりおよそ5千万〜1億個といわれており、大きな幅があります。正常な精子数の基準値は、1mlあたり2千万個以上とされています。ここでご紹介した研究論文では、不妊ではない男性を調査対象としているため、現時点での減少率はその男性の生殖能力に支障をきたすものではないかもしれません。ですが、精子数が減少傾向にあることは紛れもない事実で、さらに2000年に入り減少率が加速化していることから、近い将来、男性の生殖能力に大きく影響することが危惧されています。

なぜ精子数は減少しているのでしょうか?

その原因は、睡眠不足や栄養状態などの生活習慣によるもの、ストレスなど心因的なもの、環境ホルモンなどの環境要因など、いくつか考えられていますが、はっきりしたことはわかっていません。

ヨーロッパでは、今や精子数の減少が深刻な社会問題となっており、日本も他人事ではありません。長期的なメタ解析が実施されること、さらに、Y染色体や遺伝子の影響も含め、精子数の減少と不妊についての医学研究を進めることは、少子化という大きな課題を抱えた日本にとって急務でしょう。

第3章

そもそも性って何?

——素晴らしきその多様性

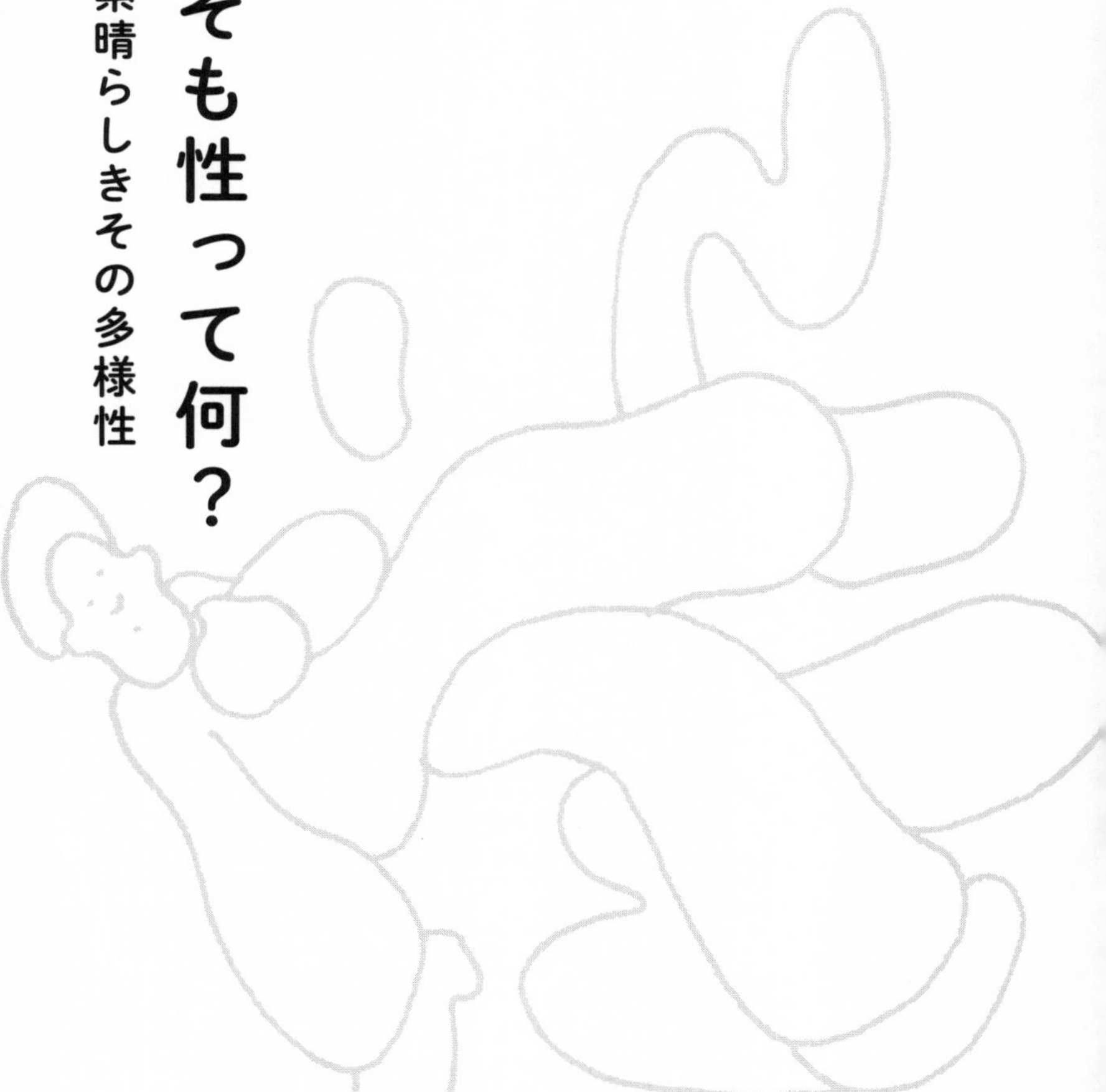

生物の世界を知れば知るほど、「性」とは素晴らしく柔軟で、多様なものであることを実感します。その一方で、私たちヒトの社会における「性」のとらえ方が、いかに固定的でステレオタイプなものであるか……。

この章では、様々な生物の例をご紹介し、そもそも性とはなにか、どのようなものなのか、についてお話しします。

そもそも「性」は存在しなかった

地球上に初めて生物が誕生したのは、諸説ありますが、およそ40億年前ともいわれています(1)。最初に登場した生物は、ひとつの細胞が生命活動を営む単細胞生物であったと考えられています。初期の生物は大変シンプルで単純な構造をもち、分裂などで自身のコピーを増やす、という形で子孫を増やしていました。そして生物は、最初に登場してからさらに数十億年もの間、性をもたずに子孫の数を増やす方法を取っていました。

このような、性をもたずに個体数を増やす生殖の方法を「無性生殖」とよびます。「性」の「無い」生殖、というこの名称は、「性」ありきでつけられたものですが、そもそも生物は性をもたずに、長い長い進化の時間を過ごしてきたのです。

現存する生物には、今もなお無性生殖を行っているものが数多く知られています。アメーバやミドリムシは、体が2つに分かれて数を増やす「分裂」を、ヒドラやサンゴなどは、親のからだの一部分から子が発生する「出芽」という無性生殖の方法をとります。また、植物が種子からではなく、からだの一部から新しい個体をつくることを「栄養生殖」とよびます。ジャガイモは茎に、サツマイモは根に栄養分が蓄えられ大きくなったもので、これらも無性生殖です。

「性」の誕生——一倍と二倍の繰り返し

生物誕生からさらに数十億年経ってようやく、自分のコピーをつくり出すのではなく、2種類の細胞を接合させて新しい細胞（個体）をつくり出すという生殖の方法が

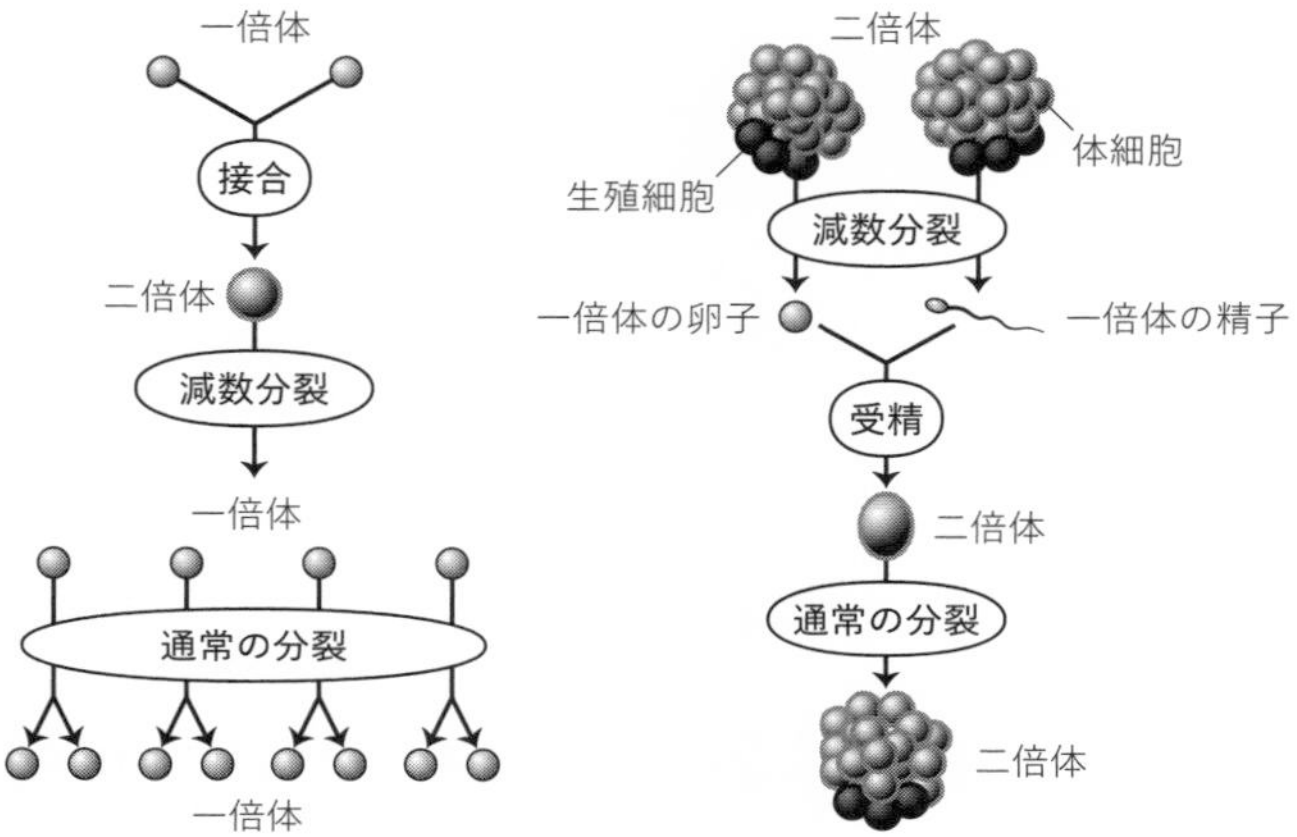

図3-1　有性生殖の例

（左）一倍体同士が接合し二倍体となり、減数分裂を行いまた一倍体となる。
（右）二倍体の生殖細胞が減数分裂を行い、一倍体の卵子や精子となり、両者が受精して、また二倍体となる。

Bruce Alberts著、青山聖子訳『細胞の分子生物学 第5版』（ニュートンプレス） Fig21-3から引用、改変。

進化してきました。これを「有性生殖」とよびます。

ここでオスやメスが誕生してきたんだな、と思う方もいらっしゃるかもしれませんが、そうではありません。実は有性生殖には、必ず2つの性が必要、というわけではないのです。

なんとも無味乾燥な説明ですが、有性生殖とは、一倍体世代と二倍体世代を交互に繰り返すサイクルを介した生殖方法のことです（図3-1）。生物がその生命活動を維持するために必要な全ての遺伝情報のセットをゲノムとよびますが、そのゲノムの1セットが一倍体、2セットが二倍体です。

第2章でY染色体消失について説明した際に、精子や卵子をつくるためには、減数分裂という分裂方法を経て、染色体数を半数に減らすのだとお話ししました。私たちの多くの細胞は染色体数が46本ですが、これが二倍体にあたります。精子や卵子は、その染色体数を半分に減らした一倍体です。[*1] 一倍体の精子と卵子が受精（接合）して、新しい二倍体の細胞である受精卵ができ、この受精卵が新しい個体となります。この個体が成長すると、一倍体の精子あるいは卵子を産生し、また受精して二倍体になるというサイクルを繰り返します。すなわち、一倍体世代と二倍体世代を交互に繰り返すサイクルを介した生殖方法、というわけです。

精子や卵子で説明すると、比較的イメージしやすいのですが、実のところ、この一倍体の細胞は精子と卵子のように、互いに異なった特徴をもっている必要はなく、さらにそれらを産生するオスやメスが存在する必要もないのです。

精子や卵子のように互いに接合して新しい個体をつくる生殖細胞のことを、「配偶

＊1　厳密には半数体とよぶ。

子」とよびます。藻類などの現存する生物の中には、それぞれの個体が産生する配偶子の間に大きさや形、性質などの違いが見られないものが存在します。有性生殖が進化した初期の頃の状態を知ることはとても難しいのですが、おそらく最初の頃は配偶子には違いがなく、オスやメスなどの違いもなかったと考えられています。

生物学的にも性は2種類とは限らない

また、精子と卵子、オスとメス、のように、性は必ずしも2種類というわけではないようです。例えば単細胞生物のゾウリムシは、有性生殖を行う際に、体内（細胞内）で減数分裂を行い一倍体となった核（DNAをまとめた構造体）をつくり出します。そして、他の個体とぴったりと寄り添い合い、互いの核を交換します。そして受け取った他の個体の核と自身の核を融合させ、接合が完了します。

この接合を行うのに、ゾウリムシではいくつかのグループに分かれており、同じグループ同士の個体は接合を行わず、他のグループの個体を選ぶことが知られています

⑵。このグループのことを「接合型」とよび、雌雄などの性別に当たると考えられるのですが、ゾウリムシはこの接合型を複数もっています。接合型が16種類にも及ぶといった研究報告もあり、つまり16種類もの性別が存在する、ということです(3)。

さらに驚くべき数の性別をもつ生物がいます。モジホコリとよばれる粘菌の一種です。自然界では落ち葉や朽木の表面に生息していますが、実験室での培養ができるので、研究のモデル生物としても知られています。

性別についてのお話をする前に、モジホコリの驚くべき能力についてご紹介します。このモジホコリ、単細胞生物なので、もちろん私たちのように発達した脳はないのですが、知性をもつような行動をとることで大変に有名な生物です。モジホコリの知性に関する研究で、世界的に有名な北海道大学の中垣俊之《なかがきとしゆき》教授の研究グループは、迷路全体にモジホコリを広げて置き、迷路の入り口と出口にのみエサを置きました。するとモジホコリは、エサにたどり着けない経路からは撤退し、エサのある入り口と出口を結ぶ最短経路のみに残ったのです(4)。

さらに中垣教授らは、寒天のプレート上に関東地方の地図を描き、地図上の主要都市にあたる位置にエサを置きました。山、海、川などの部分はモジホコリが嫌う光を当て、モジホコリが避けるようにします。そして東京駅の位置にモジホコリを置くと、モジホコリはエサにたどり着くように広がっていくのですが、東京駅とエサ（関東主要都市）をむすんだモジホコリの経路は、実際のJRの路線図ととてもよく似ていました。人間が都市間を効率的に結ぶように考え抜いてつくられた交通網を再現するという、モジホコリの驚くべき能力が明らかになったのです。中垣教授は、迷路の研究で2008年に「認知科学賞」、交通網の研究で2010年に「交通計画賞」として、二度もイグ・ノーベル賞[*2]を受賞しています。

そしてこのモジホコリ、有性生殖を行う際には、減数分裂を行って胞子とよばれる配偶子をつくります。胞子は風に乗って運ばれ、発芽すると遊走子とよばれる移動可能な細胞になります。遊走子は互いに異なるタイプ（接合型）同士で融合するのですが、この接合型が720種類もあるともいわれています。まるで人間と同じ知性をもっているかのような行動をとり、さらに多数の性別をもつモジホコリ、なんとも不思議な生物です。

2つの性がうまれた理由

ここまでの話を整理しますと、生物が進化する過程で獲得した性とは、もともとはオスやメスのような違いはなく、また、性差をもつようになったとしても、その数は2つに限られたわけではなかったことがわかります。ではなぜ、現存する生物で、オスとメス、精子と卵子といった二型化が進化していったのでしょうか？

差のない配偶子が、精子や卵子などの特徴が異なるものに進化した理由は諸説ありますが、広く知られているのは、生物の身体構造や機能が、より複雑に高度に進化したことと関係がある、という考え方です。単細胞生物から、複数の細胞が集まって個体をつくる多細胞生物が進化してきます。そして、配偶子が融合し細胞分裂を繰り返して細胞の数を増やし、より複雑な構造の身体をつくるためには、多くの栄養が必要となります。そこで、あるタイプの配偶子は、栄養をたっぷり蓄えたもの、つまり卵

＊2 「人々を笑わせ考えさせた研究」に与えられる賞。ノーベル賞のパロディーとしてマーク・エイブラハムズが1991年に創設した。

子へと進化します。

ひとつの配偶子に多くの栄養を与えるようになると、多くの配偶子を産生することが難しくなります。しかし、全体の数が減ってしまうと、配偶子同士が出会うチャンスも減ってしまうため、生殖の効率が落ちてしまいます。そのため、栄養を少なくし、その分だけ数を増やせる配偶子が進化してきます。これが精子です。卵子は栄養をたくさん蓄えるためにサイズが大きくなり、移動能力が低下していきます。すると、栄養を最低限に削ってたくさん産生される身軽な精子は、動けない卵子と出会うために、さらに運動能力などを獲得していきます。

こうして、数は少ないけれど、栄養たっぷりで大きい卵子、必要最低限の栄養と運動のためのエネルギーをもち、スリム化して大量に産生される精子、の二型化が進んだと考えられています（図3-2）。ヒトの卵子の産生数は、個人によって大きな幅がありますが、例としてわかりやすい計算をしてみましょう。ヒトの卵子はおよそ28日間の周期で1個が排卵されるので、月に一度排卵するとみなし、初潮を迎えた15歳から閉経する50歳までの35年間続いたとすると、一生涯で420個の卵子を排卵する計算になります。一方、精子の産生数は、これもまた大きな幅があるのですが、1回

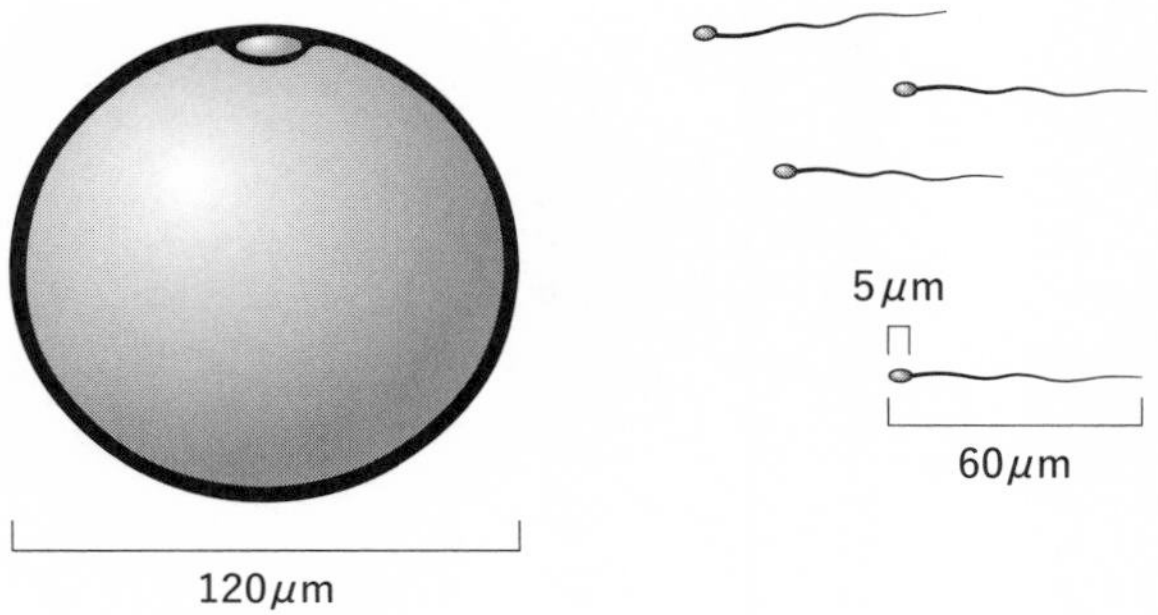

図3-2　二型化した卵子と精子

(左)ヒトの卵子の直径はおよそ120 μm (0.12 mm)。
(右)精子の長さはおよそ60μm (0.06 mm) で、染色体が入っている精子の頭部はたったの5 μm (0.005 mm)。

の射精で億単位の精子が放出されるといわれています。数を比較しただけでも、両者に大きな違いがあることが、おわかりいただけると思います。

こうした異なる特徴をもつ配偶子をつくり出すために、それぞれの目的に応じた器官が発生してきました。それが、精巣や卵巣です。精巣や卵巣も、もともとはもっと単純な構造をもつ器官でしたが、精巣は精子をつくるために、卵巣は卵子をつくるために、それぞれの目的に特化した構造や機能をもつようになります。

第1章で、生殖腺という器官は、精巣あるいは卵巣のどちらにもなれる能力をもっているとお話ししました。元の器官は同じなのですが、それぞれ特徴の異なる生殖器官を発生させるために、さらに遺伝子やホルモンの働きを借りて、より高度で複雑な精巣、卵巣をつくるようになったのです。

雌雄は別個体でなくていい

生物学的には、卵巣をもち卵子をつくる個体をメス、精巣をもち精子をつくる個体をオスと定義づけますが、雌雄は別々の個体である必要はありません。

個体ごとにオスとメスが分かれている場合を「雌雄異体」とよびます。一方で、ひとつの個体の中に、オスの生殖器官とメスの生殖器官の両方をあわせもつ生物もたくさん存在します。こういった生物は「雌雄同体」とよばれています。

雌雄同体で代表的なのは植物です。被子植物[*3]の多くは雌雄同体ですが、いくつかのパターンに分かれることが知られています。ひとつの花におしべとめしべが共存している場合を両性花とよび、被子植物のほとんどがこのパターンです。また、めしべだけをもつ雌花、おしべだけをもつ雄花も存在し、これらは単性花とよばれます。単性花をもつ植物は、キュウリやカボチャなど、ウリ科の植物が知られています。ただし、ひとつの株（1個体）が雌花と雄花の両方をもつため、単性花の場合も雌雄同体のひとつのパターンとして考えられており「雌雄同株」ともよばれます。

数としては少ないですが、株ごとに雌花だけをつける、雄花だけをつける植物も知られています。私が所属する北海道大学のキャンパスには、ポプラ並木やイチョウ並木といった、大変美しくて有名な観光名所となっているスポットがありますが、ポプラやイチョウは株（木）ごとに性が分かれており、「雌雄異株」とよばれています。その他、ホウレンソウやアスパラガス、裸子植物[*3]などが雌雄異株として知られています。

植物の進化では、雌雄同体（両性花）が基本であり、両性花のめしべあるいはおし

＊3　胚珠が包まれている植物の総称。一方で、胚珠がむき出しになっている植物を裸子植物という。

べが退化することで、単性花が生まれたと考えられています。つまり、もともと雌雄は共存しているものであったということです。

動物はどうでしょうか？

動物でも雌雄同体のものは知られています。カタツムリ、ミミズ、アメフラシ、ウミウシ、寄生虫のなかま、深海魚の一部、などです。これら生物の共通の特徴は何でしょうか？

生き物が苦手な方だと、「なんだか見た目が気もち悪い⁉」なんて回答するかもしれませんが、植物も含めるとイメージしやすいかもしれません。答えは、自発的な移動が難しい、です。多くの植物は、自身で簡単に移動することはできません。ですので、おしべでつくられた花粉（配偶子）をめしべに届けるために、風や昆虫など他者の力を借りる必要があります。カタツムリやミミズなども、なんだかゆっくりとした動きで、運動能力が優れているようには思えません。寄生虫は宿主の体内に寄生しているため、限られた環境内に留まることが多いかもしれません。こういった特徴をもつ生物は、生殖する相手を見つけることが難しい、という問題があります。

雌雄が別々の個体で存在している場合、めったにないチャンスでせっかく出会った相手が自分と同じ性であると、生殖はできません。しかし、雌雄同体であった場合は、仲間に出会うことさえできれば、互いに精子を渡し合い、自身の卵子に受精させることで生殖可能です。ですので、雌雄同体でいることで、相手を見つけにくいという難点をカバーしていると考えられています。

雌雄同体なら自身の精子と卵子を受精させれば良いのだから、相手を探す必要はないのでは？と思われるかもしれません。ところが、自分自身の配偶子同士を接合させる自家受精は、多くの生物でできないようになっています。

一方で雌雄異体の生物は、オスかメスのどちらかの生殖器官を1種類だけもつようにして、その代わりに相手をさがし、出会うための能力を進化させました。迅速な移動あるいは長距離移動を可能にする肢や羽翼、鰭《ひれ》などの構造、相手を惹きよせるフェロモンなどの物質の分泌、鳴き声や超音波など、なんらかの音を出して相手に知らせる発音器官の発達など、生殖相手をさがし、出会うために様々な特徴が進化していきました。

第3の性

ある生物種は雌雄異体のみ、またある種は雌雄同体のみ、と、両者は明確に分けられているわけではありません。ボルボックスという藻類の仲間は、雌雄同株の両性個体のみが存在するグループ、オスとメスが分かれた雌雄異株のみが存在するグループ、両性個体、オス個体、メス個体の3種類が共存するグループがあります。共存しているグループは、オスとメスが分かれている種から両性型の種へと進化する途中であると考えられており、第3の性である両性と共存している状態ともいえます(5)。そのほかにも、雌雄同体と雌雄異体が共存している生物がいることは知られています。

また、線虫という線形動物は、世界的に広く使われている研究のモデル生物ですが、ほとんどの個体がXX型の性染色体をもつ両性個体です。基本的には両性個体で生殖し、ごく稀にX染色体1本のみをもつXO型の個体が生まれ、これはオスとなります。オス個体は全体の0・1%程度しか存在しないといわれています。

様々な生物を見てみると、必ずしもオスとメスが別々に存在するわけではなく、また、オス個体、メス個体、両性個体が共存している状態も、珍しくないということがわかります。

4つの性をもつ鳥

さらに性別がオスとメスに分けられるとしても、単純に2タイプというわけではない、といった研究報告もあります。

ノドジロシトドというスズメ目の鳥は、カナダやアメリカ北東部で繁殖し、アメリカやメキシコ北部で越冬します。森林内から民家の庭先まで広く生息し、種子や昆虫をエサとしています。「オー・マイ・スウィート・カナダ・カナダ・カナダ」と聞こえるそのさえずりで親しまれている鳥ですが、2000年頃にその鳴き声のパターンが変化した「新曲」が生まれ、急速に広い生息域全体に広まったことがわかりました(6)。鳥の世界にも流行歌があり、また流行が広まるのが早いという大変面白い研究で知られている鳥ですが、なんとこのノドジロシトドは、4つの性をもつことでも有名です。

鳥も性染色体の組み合わせで性が決まりますが、哺乳類とは異なる、Z染色体とW染色体をもっています。鳥のZ、W染色体は、私たちのX、Y染色体とは違う染色体ですが、ZはXのように大きく、WはYのように小さいという特徴をもっています。そして、大きいZ染色体を2本もつZZ型だとオス、大きいZ染色体と小さいW染色体を1本ずつもつZW型だとメスになり、哺乳類とは逆の組み合わせです。

ノドジロシトドは、頭に白い縞模様が入った個体と、褐色の縞模様が入った個体がいます。鳥には羽の色や模様が雌雄で異なるものもいますが、ノドジロシトドの縞模様の色の違いは、雌雄ともにみられます。

インディアナ州立大学の生物学者タトル氏とその夫で同じく生物学者のゴンサー氏は、30年もの間、ノドジロシトドの生態観察を続け、模様の色の違いにより、生殖行動が異なることを見出しています(7)。性別にかかわらず、白い縞模様の個体は、攻撃的でさえずりの歌も上手、複数の相手と関係をもちますが、子育てには非協力的です。一方で褐色の縞模様をもつ個体は、歌は下手だけれどもつがいになった相手と添い遂げる一夫一婦制を保ち、子育てにも熱心です。

模様の色によってまったく異なる特徴をもつのですが、白色のオスは褐色のメスと、逆に褐色のオスは白色のメスとつがいをつくります。白色同士あるいは褐色同士ではつがいをつくらないので、つまり、白色オス、褐色オス、白色メス、褐色メスの4つの性が存在していることになります（112ページ図3-3上）。

この違いを生み出しているのは、ZやWといった性染色体ではなく、2番染色体上の領域だということを、タトル氏らの研究グループは明らかにしています(8)。ノドジロシトドの2番染色体には、一部の領域に「逆位」が起きています。逆位については第2章でお話ししましたが、染色体の一部が切れて、切れた断片がひっくり返ってまたつながるという、染色体に起きる構造変異のひとつです。逆位が起きた領域では、染色体の対合と乗換えが起きなくなり、遺伝子の組換えも起きないため、Y染色体が遺伝子を失い短くなっていく仕組みに関係しているとお話ししました（68ページ）。

ノドジロシトドの2番染色体でも、逆位の生じた領域では遺伝子の組換えが起きないため、逆位の生じた染色体と生じていない染色体とで、遺伝子に少しずつ違いが蓄積していきました。ノドジロシトドの縞模様の色を支配する遺伝子や、生殖行動に関係する遺伝子はこの逆位領域内に含まれていて、逆位が起きた2番染色体をもつと縞模様は白色となり自由奔放に、もたないと褐色で堅実なタイプになると考えられます。

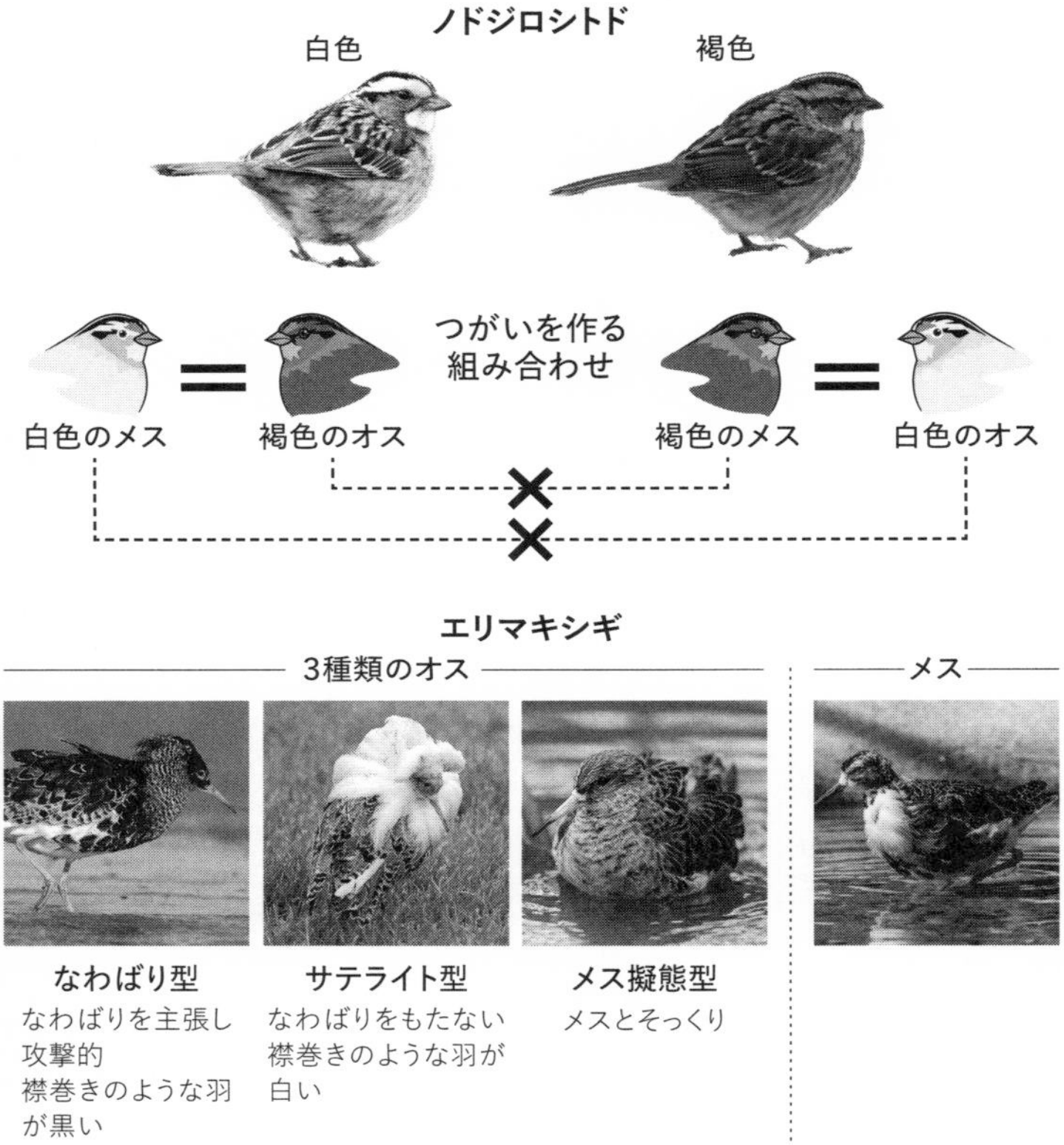

図3-3　性は2つとは限らない

（上）2種類のオスと2種類のメスをもつノドジロシトド。白色同士あるいは褐色同士ではつがいをつくらない。つまり、白色オス、褐色オス、白色メス、褐色メスの4つの性が存在している。

写真左=©gqxue ／同右=©Warren_Price

（下）3種類のオスがいるエリマキシギ。

写真左から=©Knyva ／ ©motto555 ／ ©Ian Dyball ／ ©Charlotte Bleijenberg

そして逆位の起きた2番染色体が、ＺやＷ染色体とは別の、第3の性染色体として振る舞っているのです。

超遺伝子！　スーパージーン‼

ノドジロシトドの2番染色体の遺伝子のように、組換えを起こさずに次の世代へ受け継がれる隣接した遺伝子群のことを「超遺伝子（スーパージーン）」とよびます。スーパージーンの概念自体は、おおよそ100年ほど前から提唱されていますが、その詳細については、よくわかっていませんでした。

そこに、2005年頃から、次世代シーケンス技術とよばれる、ＤＮＡの塩基配列を高速に大量に効率よく解読する技術が登場してきました。次世代シーケンス技術は、栄枯盛衰を繰り返し、現在もなお日進月歩で画期的な開発がなされています。こうした技術の進歩により、多様な生物でゲノム情報が解読され、これまでわかっていなかったスーパージーンの存在も、明らかになってきたのです。

組換えを起こさず、もともとのものとは異なる機能をもつ遺伝子に分化する現象は、従来はX染色体とY染色体の遺伝子で起きることが知られていました。ですので、研究の歴史としてはスーパージーンの方が後なのですが、現在は性染色体の遺伝子もスーパージーンとして考えられています。

3種類のオス

先ほど少し触れたように、オスとメスの見た目が随分と違う鳥類は多く知られています。有名なのはクジャクですね。メスは羽の飾りも色も比較的地味であるのに対し、オスはゴージャスで色あざやかな羽装《うそう》をもちます。オスもメスも同じ種であるのに、なぜこんなにも違いが生まれるのか？

この疑問、進化学者として有名な、かのチャールズ・ダーウィンも随分と頭を悩ませたようです。苦悩の末、ダーウィンが導き出した答えは、異性を巡って競争が起きることで進化する「性選択」という考え方でした。ごく簡単にいってしまうと、例えばメスに選んでもらうためにオスの間で競争が起き、より選んでもらいやすい形質をもつオスが子孫を残すためにその形質が進化していく、といった考え方です。

性選択によって進化するのは「オスとメスの違い」と理解されることが多いですが、実際にはひとつの性の中にもバリエーションが生まれます。

エリマキシギというシギ科の鳥は、主にユーラシア大陸北部の沼地や湿った草地に生息しています。ルネサンス期のヨーロッパで流行した、「ひだ襟」に似た羽装をオスがもつことからこの名がつけられていますが、実はこのエリマキシギ、メスは1種類なのですが、オスは3種類のタイプが存在することが知られています（112ページの図3‐3下）。

エリマキシギの3タイプのオスは、次のような特徴をもちます。オス全体のうち、約80％以上が茶色と黒色の交じった羽毛を首にまとい、なわばり意識が強い「なわばり型」とよばれるタイプです。さらに5～20％のオスが「サテライト型」とよばれるタイプで、白い羽毛を首にまとい、なわばり意識が強くなく、なわばり型のオスのなわばり内に侵入してメスと交尾します。そしてもうひとつが、見た目はメスとそっくりで、他のオスがメスと交尾するのを邪魔して、隙を見てメスと交尾する「メス擬態型」というタイプで1％程度存在しています。

「なわばり型」を最もオスらしいオスとして考えると、「サテライト型」はオスとメスの中間に位置しますがよりオス寄り、「メス擬態型」も中間に位置しますがよりメス寄りと考えることができます。つまり、オスかメスか、の二者択一ではなく、ひとつの性の表現にもバリエーションがあって、しかも雌雄の間に連続的に存在するような状態だということです。

エリマキシギでは、なぜこのようなバリエーションが存在するのでしょうか？

実は、エリマキシギにもスーパージーンがあることがわかっています(9、10)。エリマキシギの染色体では、125個もの遺伝子が含まれる領域で逆位が生じており、組換えが起きずに残されています。この逆位が生じたのは、今からおよそ380万年前だと推定されており、さらにその後、今から約50万年前に、複数の領域でまた逆位を起こして元の向きに戻ったことが報告されています。最初の逆位領域に含まれるスーパージーンをもつオスが「メス擬態型」に、複数の領域でもう一度逆位が起きた領域に含まれるスーパージーンをもつオスが「サテライト型」に、どちらの逆位領域ももたないオスが「なわばり型」になります。

個体の性は普遍的ではない

様々な生物を見ると、性はオスかメスかといった画一的なものではないことがわかります。そもそも、性はオスとメスの2タイプのみとは限らないし、オスとメスの中にも、バリエーションがあります。さらに、性のタイプは固定的ではなく、その個体が生きている生涯の中で変化することも知られています。

これまで、私は、性決定や性染色体について話してほしいとの依頼を受けて、テレビの科学番組などに何度か出演したことがあります。そして、多くの番組で「カクレクマノミの話をしてほしい」とのリクエストを受けます。私は魚の研究者ではないのですが、有名なアニメ映画の主人公にもなるほどの可愛らしい見た目とその人気の高さから、よほどテレビ向きなのでしょう。美しい大きな水槽に入れられたカクレクマノミたちが、収録スタジオに準備されていたこともあります。

なぜカクレクマノミかといいますと、この魚は性転換をすることで大変有名だからです。カクレクマノミは複数の個体が集まり、群れで生活をしますが、その性は身体の大きさで決まっています。群れの中で1番目に身体が大きい個体がメス、2番目に大きい個体がオスです。3番目以降の個体は性的に未成熟な状態（成熟していないオスの予備軍）で、生殖には参加しません。

メスが死んでしまったり、集団からいなくなったりすると、2番目に大きかった個体が1番になりますので、メスに性転換します。そして3番目に大きかった個体が、性的に成熟してオスになります。つまり、カクレクマノミたちは、生涯のうちにオスである時期とメスである時期の両方を経験する、ということです。

ちなみに、カクレクマノミはオスからメスへの転換のみが可能で、その逆はできないといわれています。

魚類は多くの種で性転換を行うことが知られていますが、性転換の方向性によって、3つのグループに分けられています。オスからメスのみに性転換するタイプを雄性先熟型といい、カクレクマノミの他にクロダイやコチなどの魚が知られています。逆にメスからオスの方向にのみ性転換する雌性先熟型には、マハタ、キュウセン、キンギヨハタダイなどがいます。さらに、オスからメスへ、また、メスからオスへと両方向へと性転換できるタイプも存在し、これを両方向型とよび、オキナワベニハゼという魚が大変有名です。

何度も性を変える魚

オキナワベニハゼは、沖縄から鹿児島にかけての亜熱帯サンゴ礁域に生息している、体長が3㎝程度の小型の魚です。全身が赤みがかったオレンジ色で、カクレクマノミにも負けない鮮やかな〝装い〟です。オキナワベニハゼは、1匹のオスに複数のメスがつがいとなる一夫多妻型の生殖システムをとっています。オキナワベニハゼも身体の大きさで性が決定されますが、カクレクマノミと異なるのは、群れ（ハレム）の中で一番身体が大きい個体がオスになり、それ以外はすべてメスになるということです。ハレムからオスがいなくなると、メスの中で一番身体が大きい個体がオスに性転換します。さらに、ハレムの中へ身体の大きいオス個体を入れると、もともとハレムにいたオスはメスへと性転換します。このように、オキナワベニハゼはメスからオスへ、また、オスからメスへと両方向に性転換することができます。

体長が2㎜しか違わない2匹のオスを同じ水槽内に入れるという実験では、ほんの少し身体が小さいオスがメスへと性転換し、オキナワベニハゼたちは非常に正確に互いの大小を見極めることができると報告されています(11)。また、性転換の方向がどちらの場合でも、すぐさま脳の性転換がはじまり、30分以内には転換後の性の行動をとるようになります。しかし、身体の性転換、つまり生殖腺の卵巣あるいは精巣への転換にはもう少し時間がかかり、数日から10日間ほどで完了します。

カクレクマノミは身体が大きいとメスになりますが、オキナワベニハゼはその逆で、身体が大きいとオスになります。両者の違いはどうして生まれるのでしょうか？

それは、生殖のシステムや生息環境の違いによるものと考えられています。オキナワベニハゼのように、一夫多妻型の生殖システムをとる場合は、大きいオスがメスを独占し、小さいオスは追いやられてしまいます。ですので、身体が小さいうちはメスとしてハレム内に存在し、身体が大きくなってからオスになることで、効率よく自身の子孫を残すことができるのです。

一方で、カクレクマノミは群れで生活をしますが、生殖に参加するのは雌雄のひとつがいで、一夫一婦制に近い生殖システムをとります。その場合、身体が大きいほど卵をたくさん産むことができるので、メスが大きい方が有利と考えられます。また、群れをつくった方が外敵に襲われた際のリスクが低くなるため、身体が小さいうちは未成熟な状態で群れに存在し、身体が大きくなるにつれてオス、次にメスとなって生殖するのが効率良いと考えられます。

このように、本来生物の性は決して固定的なものではなく、環境や状況に応じて最適な状態を選択し、柔軟に変化するものなのです。性転換の研究については、魚類を対象とした研究が多いため、ここでは魚を例にお話ししましたが、実際には魚類以外の生物においても性転換の例は大変数多く報告されています。

性を決める要因

遺伝子で性が決定される場合を、遺伝的性決定（Genetic Sex Determination の略でＧＳＤ）とよびます。代表的なのはこの本でたびたびお話ししてきた、哺乳類の*SRY*遺伝子ですね。*SRY*遺伝子は脊椎動物で最初に発見された性決定遺伝子で、哺乳類は一部の例外をのぞき、ほとんど全ての種で*SRY*遺伝子の有無で性が決定されると考えられています。

また、鳥類はオスがＺＺ型、メスがＺＷ型の性染色体をもち、哺乳類とは逆パターンだとお話ししましたが（110ページ）、鳥類の場合はZ染色体上の*DMRT1*遺伝子がオスを決定し、さらにまだ明らかにはなっていませんがW染色体上の遺伝子がメスを決定する（あるいはオスになるのを抑制する）と考えられています。鳥類もほとんど全ての種でZZ／ZW型の性染色体が保存されていて、鳥類内では同じGSDの仕組みをとっているようです。

しかし、脊椎動物の中でも、爬虫類や両生類、魚類は、GSDの他に環境要因によって性が決定される環境依存性決定（Environmental Sex Determination の略でESD）が混在することが知られています。

例えば爬虫類では、シマヘビやスッポンなどはZZ型、ZW型の性染色体をもち、遺伝子の実態は明らかになっていませんが、GSDを行うことが知られています。しかし、同じ爬虫類の仲間でも、ミシシッピーワニやアカウミガメなどは、卵が孵化する際の温度で性が決定され、温度環境による性決定の仕組みをもつESDと考えられます。

また、魚類も先にお話ししたカクレクマノミやオキナワベニハゼのように、身体の大きさで性が決まる場合も、自身を取り巻く他個体を含めた環境による性決定、すなわちＥＳＤと考えますが、ニホンメダカやナイルティラピア、チョウザメなど、ＸＸ／ＸＹ型あるいはＺＺ／ＺＷ型の性染色体をもつＧＳＤの魚類も多く知られています。

近年、幅広い生物種でＧＳＤの仕組みが明らかになってきており、様々な性決定遺伝子が報告されています。一口に性決定遺伝子といっても、その種類、機能は一様ではありません。

また、遺伝子の多くはタンパク質をつくりますが、タンパク質をつくらない遺伝子が性を決定するものもあります。さらには遺伝子そのものではなく、その遺伝子の働きを調節する「調節領域」とよばれる場所の違いにより性を決定する例も、最近知られてきました。

出会いも決定要因に

さらにＥＳＤについてもその要因は、温度、身体の大きさ以外にも、日照時間の長さ、群れの中の個体の密度、など多岐にわたります。

その中でも、ボネリムシ（ユムシの仲間）は特別にユニークなことで知られています。ボネリムシは、ミミズやゴカイ、ヒルなどが分類されている環形動物門の仲間で、海底やサンゴ礁の隙間などに生息しています。体長は2㎝ほどですが、頭から体長の2〜3倍の長さの、二股に分かれたTの字のような形の吻《ふん》を出し、ウネウネと海底を歩き餌を探します。実は、こうして目にすることができる個体は全てメスなのです。オスはたったの1㎜ほどの大きさしかなく、メスの咽頭《いんとう》中に寄生し、オスには吻も血管もなく、メスから栄養をもらって生きているのです。そして、身体の中のほとんどが貯精嚢とよばれる精子を保存する器官で占められています。つまり、オスはメスに精子を送るためのメスの身体の一部になっているわけです。

ボネリムシの受精卵が幼生となり、その幼生がメスと出会い、メスの吻に定着して育つと、そのメスに寄生してオスとなります。メスと出会わずに自由に浮遊生活をしていると、大きな身体のメスになります。このように、ボネリムシは、出会いなどの人生経験（人ではないけれど）で性が決まるのです。

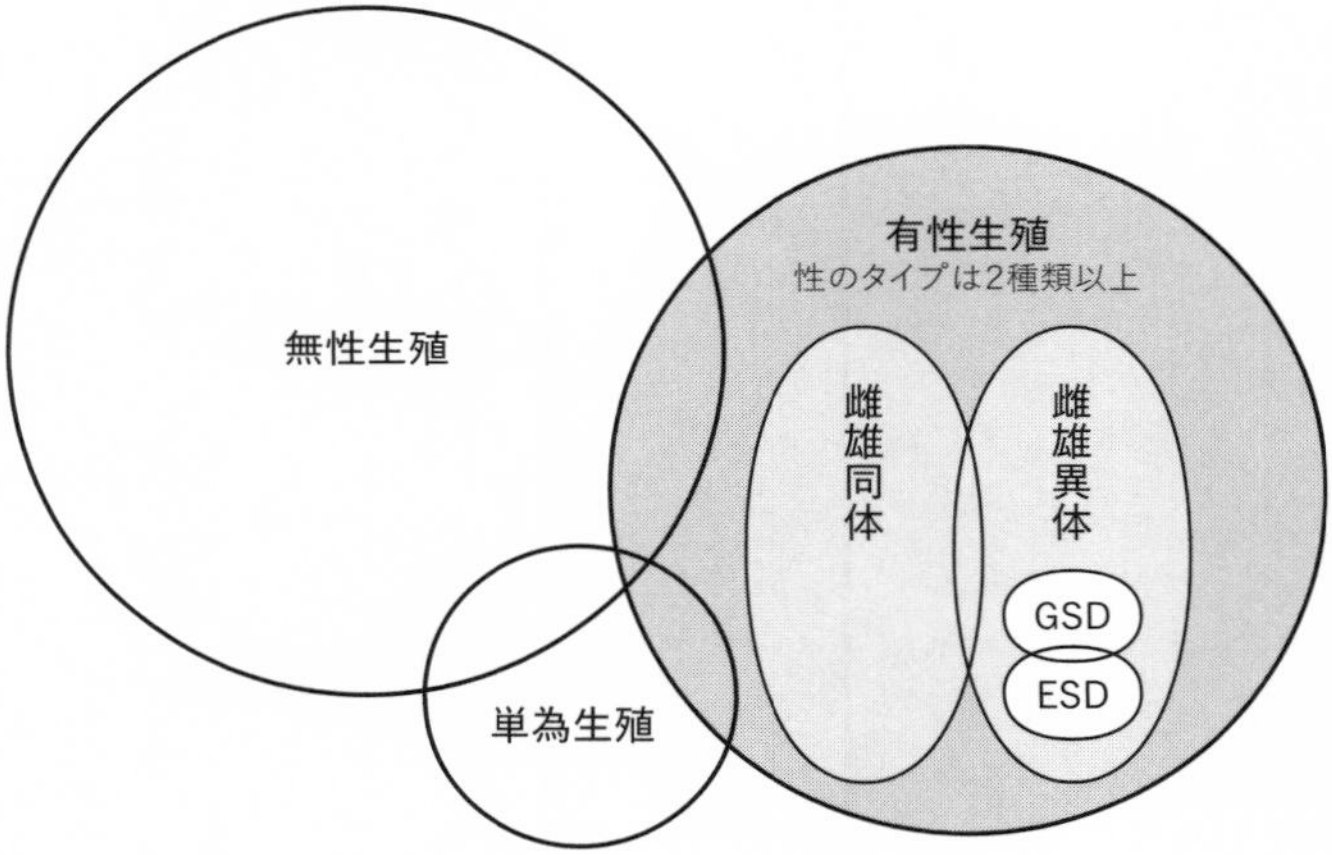

図3-4　様々な性のあり方

円の大きさは各グループに分類される種数と相関はない。

多様な性の在り方

本来、性とはどのようなものか、ここでまとめます。図3-4を見ながら、皆さんも整理してみてください。

まず、もともと生物は性のない「無性生殖」を行っていましたが、進化の過程で「有性生殖」という生殖システムを獲得しました。現存する生物には無性生殖のみ、あるいは有性生殖のみを行うものもいれば、普段は無性生殖で子孫を増やしているけれども、環境の変化などのなんらかの原因で有性生殖を行うようになる、といった無性と有性の両方の仕組みを状況に応じて使い分けている生物も存在します。ですので、図中の無性生殖と有性生殖の円は一部が重なります。そして、有性生殖には性のタイプが存在しますが、それはオスとメスのような2タイプに限らず、もっと多くのタイプが存在する場合もあります。

また、オスとメスの機能を1個体の中にあわせもつ雌雄同体に対し、オス個体、メス個体と個体ごとに性が分かれている雌雄異体が存在します。両者が共存する生物もいるため、雌雄同体と雌雄異体の円も、一部が重なります。

雌雄異体の場合は、個体ごとにオスになるかメスになるかを決める必要があるため、性を決定する要因（スイッチ）が必要ですが、その要因が遺伝子である場合と、環境に依る場合とがあり、先にお話ししたように前者をGSD、後者をESDとよびます。

実は、ある環境下ではその環境要因で性が決まるけれども、そうでない環境下では遺伝的に性が決まる生物もいるため、GSDとESDの円も一部が重なります。GSDもESDも、その要因は多種多様で、非常に多くの種類があります。

平面図では表現しづらく、図中には詳しく書いていませんが、GSDもESDも、ひとたび決定された性は一生涯そのままというわけでなく、性は変化し得ることも重要なポイントです。つまり、性とは多様なだけでなく、動的なものだということです。

メスだけで子孫を残す最終手段

そして、図にはこれまでに説明していない「単為生殖」という、もうひとつの円が描かれています。単為生殖とは、本来、雌雄での有性生殖を行う生物種が、メスのみで子を残す生殖システムのことです。無性生殖、有性生殖に次ぎ、3つ目の生殖システムとして、様々な生物で起きることが知られています。

コモドオオトカゲは、世界最大の爬虫類として知られ、最大全長は約3m、最大体重は160kgを超えます。その大きさから、大型哺乳類も襲うことが知られており、さらに歯の間にある毒管から血液の凝固を阻害する毒を分泌し、噛まれた獲物は失血によるショック状態となります。この大変おそろしいイメージのトカゲは、単為生殖を行う動物としても有名です。

野生のコモドオオトカゲはその数を減らしており、インドネシアの限られた島にのみ生息していますが、世界のいくつかの動物園で飼育されています。とても希少であるため、1個体のみで飼育されている場合も多く、イギリスのチェスター動物園で飼育されているフローラというメスのコモドオオトカゲは、一度もオスと接触したことがありませんでした。しかし、フローラが突然卵を産み、2006年に世界的なニュースとなりました。卵の一部は孵化する前に死んでしまったため、その胚のDNAを調べたところ、卵の親はフローラのみ、つまりフローラは単為生殖で卵を産んだことがわかりました。このケースだけではなく、同じくイギリスのロンドン動物園で、また、2020年にはアメリカ・テネシー州のチャタヌーガ動物園で、メスのコモドオオトカゲがオスとの接触なしに卵を産んだことが報告されています。

なぜメスだけで子を残すのでしょうか?

本来は有性生殖をメインの生殖方法としている生物は、生殖相手に巡り会えなかった場合の最終手段として使われている、と考えられています。本来は、オスの産生する精子と、メスの卵子が受精するわけですが、何らかの要因でオスと巡り会えない場合、メスの卵子のみで子を残します。

ただし、生まれる子どもは、母親であるメスとまったく同じコピーとなる訳ではありません。第2章でお話ししたように、卵子がつくられる際も減数分裂が起きて、遺伝子の組換えが生じています。つまり、卵子となる時点で遺伝子の組み合わせが母親とは異なっているので、無性生殖のように親のコピーができる訳ではないのです。ですので、多くの単為生殖は有性生殖から派生した一形態と捉えられています。

有性と無性のはざま

日本の動物園でも、トカゲなどの爬虫類がメスだけで卵を産んだ例が知られています。また、爬虫類に限らず、脊椎動物では鳥類や魚類などでも報告があります。

アメリカ・サンディエゴ動物園で飼育されていたカリフォルニアコンドルは、オスと一緒に飼育されているにもかかわらず、単為生殖を行い卵を産みました(12)。この場合、オスとの繁殖が可能であるため、相手に巡り会えなかった最終手段というわけではなさそうです。なぜ、どうして、単為生殖に切り替えるのか、詳しくはわかっていません。

無脊椎動物では、幅広い生物種で単為生殖が行われ、その多くは有性生殖と単為生殖を状況に応じて使い分けています。先にお話ししたように、減数分裂を起こした卵子から子が発生する場合は有性生殖のひとつとして見なすことができます。しかし、生物種によっては、減数分裂が起こっていない卵子から子が発生する場合があり、遺伝子の組換えが起きていないため、この場合は親とまったく同じ遺伝情報をもつコピーがつくられる、つまり無性生殖と同じ現象となります。図3-4（125ページ）中の単為生殖の円が、有性生殖だけでなく、無性生殖の円とも重なっているのはこのためです。

哺乳類はメスだけで子が残せない

2021年2月、長崎県佐世保《させぼ》市の九十九島《くじゅうくしま》動植物園で、1頭のみで飼育していたメスのシロテテナガザルのモモが、突然出産したというニュースが報道されました。

オスとは交尾できない（はずの）飼育環境とのことでしたので、父親は誰なのか？どうやって交尾したのか？と大きな話題になりました。その答えにたどり着いたのは、謎の出産から2年後のこと。子ザルの成長を待ちDNA鑑定をした結果、父親はアジルテナガザルのイトウであることが判明したのです。当時報じられたのは、なんと、モモとイトウの接点は、仕切られていた金属板に空いていた直径約9㎜の穴以外に考えられない、という驚くべき仮説でした。

こうして謎は解明されたのですが、モモの謎の出産が話題になった時、これは単為生殖なのでは？というコメントもちらほら耳にしました。ですが、残念ながら、現在の生命科学の知見からは、哺乳類は単為生殖ができないと考えられています。

哺乳類がもつ一部の遺伝子は、どちらの親から由来しているかで働き方が変わる、ということが知られています。通常、遺伝子は、父親からもらったものと母親からもらったものとあわせて2コピーがあるのですが、ある遺伝子は必ず父親からもらったコピーだけが働くようになっています。また、ある遺伝子では、逆に母親からもらったコピーだけが働きます。このような遺伝子は、どちらの親由来かという「記憶」が刷り込まれているという意味で「ゲノムインプリンティング遺伝子」とよばれます。

哺乳類の卵子を使って無理矢理に単為生殖を起こそうとしても、精子（父親）由来でなければ働かない遺伝子は機能することができません。つまり、哺乳類は、両親由来の遺伝子が必ず必要なので、単為生殖は不可能というわけです。

単為生殖が可能な生物は、インプリンティング遺伝子をもっていないのです。インプリンティング遺伝子は、哺乳類独自に獲得されたと考えられており、哺乳類の最大の特徴である「胎生」、つまり、母親の胎内で子を育てる仕組みを獲得したことと関連があると考えられています。

メスだけで子を残す単為生殖という最終手段を失ってしまった哺乳類。もしこの先、Y染色体が失われ、オスが生まれなくなってしまったら、メスだけでは子孫を残せないのです。そして、我々人類は滅亡してしまうのではないか？

第2章でお話しした不穏な説がささやかれる理由は、この単為生殖と関係があるのです。

第4章

新しい性の概念

——科学的に示される〝バリエーション〟

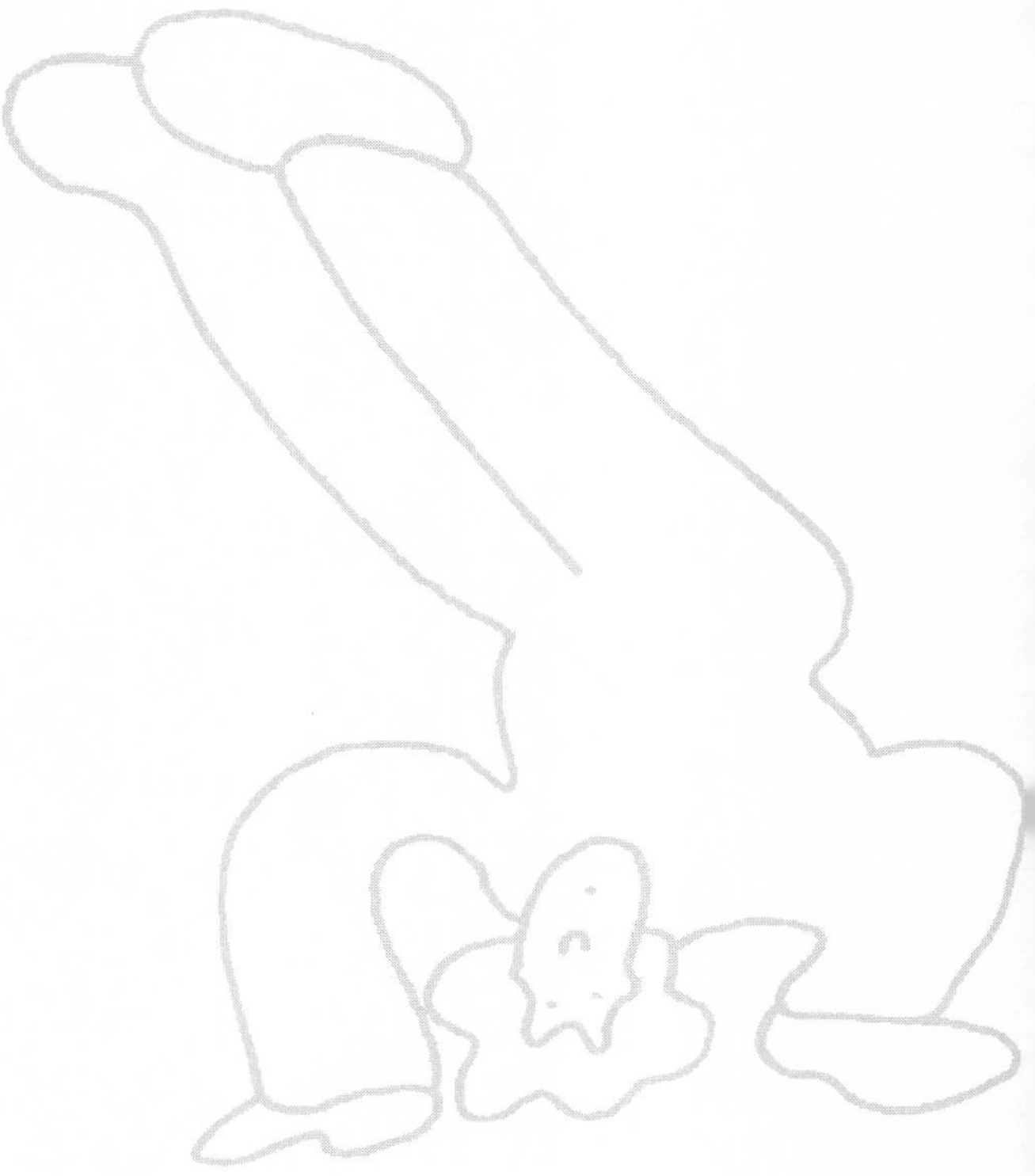

ここまでのお話で、本来の「性」とは、いかに柔軟で多様なものであるかが、おわかりいただけたと思います。しかし、やはり多くの人がもつ「性」のイメージは、「雌雄（メスとオス）」や「男女」であることが多いように感じます。

この章では、ヒトの性の話題を中心に、「男性」か「女性」か、といった二元論的な固定観念から脱却し、私たちの性がもつ多様性についてお話しします。

バイナリー――男か？ 女か？――という概念

従来からの「性」に対するイメージや考え方を、「バイナリー（binary）」といいます。バイナリーとは、2つの要素で構成されているものを指す言葉で、二進法という意味もあり、IT用語としてはデータが「0」と「1」で表現されているデータ形式のことなどを指します。

ヒトの性における「バイナリー」の意味は、性別を男性か女性の二択のみで分類する考え方のことです。私は、この「バイナリー」という考え方に、多くのヒトが囚わ

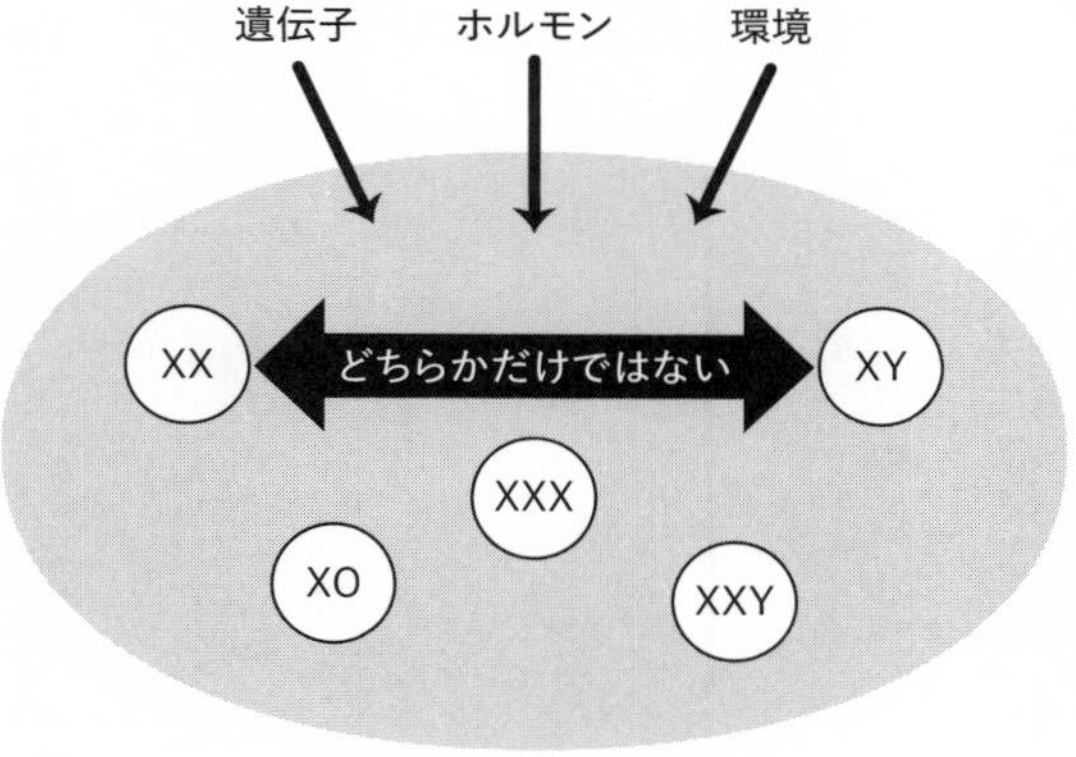

図4-1　性染色体のバリエーション

ヒトの性は、性染色体の他に、遺伝子、ホルモン、環境によるバリエーションがある。図に示した性染色体のバリエーションは一部である。

れているような印象をもっています。

「バイナリー」の状態を、図にして考えてみましょう。図4-1をみてください。向かって左側に女性が、相対する反対側、つまり向かって右側に男性が位置するとします。両極に位置する男女は、典型的な男女とします。

先にお話ししたように、生物学的な典型的男性らしさ、典型的女性らしさは、染色体、遺伝子、ホルモン、生殖器官などの身体的特徴で決まります。すなわち、典型的な男性の特徴とは、XYの染色体で*SRY*遺伝子をもち、男性ホルモンを多く分泌し、精巣などの生殖器官で精子をつくる、などです。一方で、典型的な女性の特徴とは、XXの染色体で*SRY*遺伝子をもたず、女性ホルモンを多く分泌し、卵巣などの生殖器官で卵子をつくる、などです。

これらの特徴から表現される生物学的な性を、英語では「Sex（セックス）」と表現します。しかし、私たちの性には、さらに社会との関わりに関係した特徴から表現されるものがあり、これを「Gender（ジェンダー）」とよびます。ジェンダーを形づくる特徴は、自分の性をどのように自覚するかという「性自認」や、恋愛や性的な関心がどの性に向くか、向かないかという「性的指向」などがあり、脳の状態が関係しているといわれています。つまり、ジェンダーの典型例とは、生物学的な身体の性と自覚する性が一致し、自覚する性とは異なる性に対して恋愛感情や性的な関心を抱く、というものです。

生物学的な性においても、社会学的な性においても、すべてのヒトが、これら典型的な男性、典型的な女性に当てはまるかといいますと、そうではありません。ヒトによって性の在り方は千差万別で、あまりにも違いがあり、その違いも複雑なので、包括的に説明することはとても難しいのです。ですので、ここからは生物学者としての私の視点から、トピックを分けてお話ししたいと思います。

性染色体のバリエーション

まずは性染色体の多様性についてお話ししましょう。第1章の図1－1（23ページ）に示したように、ヒトの染色体は、44本の常染色体と、XXあるいはXYの2本の性染色体、あわせて46本で構成されています。しかし、すべての人が必ず46本というわけではなく、染色体の本数が46本よりも多い人、あるいは少ない人がいます。常染色体の本数に変化が生じると、多くの場合は受精卵や胚の発生初期の段階で死んでしまいます。ですので、常染色体に由来する本数のバリエーションは、あまり多くは知られていません。一方で、性染色体に関してはその変化にバリエーションがあることが知られています。

例えば、3本のX染色体をもつXXXは、1000人に1人の割合で生まれてくるといわれています。Y染色体をもちませんので女性となりますが、XXの女性と大きな違いはなく、妊娠および分娩も可能なため、染色体の検査を受けない限りは、自身がXXXであることに気づかない場合も多いと考えられています。つまり、実際にはもっと多くのXXX女性が社会に存在しているかもしれないのです。

また、2本のX染色体と1本のY染色体をもつXXYも知られています。臨床医学的にはクラインフェルター症候群とよばれています。文献によって違いはあるのですが、500から1000人に1人の割合で生まれてくるといわれており、染色体の本数のバリエーションとしては多く見られるものです。

状態は様々ですが、外見および健康上の問題がない場合が多く、中には診断されることなく、通常の社会生活を送っている人も多くいます。精子数が少ないあるいは産生されない場合が多いことから、大人になって男性不妊検査を受けて、初めてXXYであることが判明する場合も少なくありません。また、以前は、XXY男性は完全な不妊であり、子どもをもつことは不可能であると考えられていた時期がありました。しかし現在は、少数ながらも精子が見られる場合は、生殖補助医療技術により子どもを授かることが可能であるとわかっています。

さらに、染色体の本数が少ないバリエーションとしては、X染色体1本のみのXO、あるいは2本あるX染色体のうちの一方が部分的に欠失している、などの場合があります。臨床医学的にはターナー症候群とよばれており、Y染色体をもたないため女性となります。

低身長であることや、第二次性徴の遅れなどの特徴が知られていますが、その程度は様々です。また、その当事者のうち多くの方々は適切な医学的サポートにより、健康な社会生活を送ることから、病気や障害と捉えずに、女性のタイプのひとつとして捉えることが推奨されています。

ここまでにご紹介した性染色体のバリエーションは、古くから、医学、遺伝学の教科書などでも説明されてきました。そして、従来は、「染色体の異常」「疾患」といったイメージが強く、XXとXYの健常者に対して本数が異なるマイノリティ、といった、ここでもある種のバイナリー的な捉え方がされてきました。

しかし、すでにお話ししているように、本数のバリエーションによる身体や健康への影響はその人その人によって異なります。また、個人によっては、身体のすべての細胞が同じ性染色体のパターンをもつ訳ではなく、例えば、XXYとXYの細胞を両方もつ、あるいはXOとXXの細胞を両方もつ、などのモザイク状の場合があることも知られています。つまり、細胞の状態も人により様々だということです。

そして、自身のバリエーションに気づかずに健康的に社会生活を送る人もいるということ、つまり、文献などで報告されているよりも、もっと多くの人がバリエーションを有しているであろうということから、特別な存在ではなく男性や女性のタイプのひとつであると考えるのが適切ではないでしょうか。

そもそもX染色体は1本しか使わない

常染色体に比べて、性染色体は本数のバリエーションが多い、とお話ししました。それはなぜかといいますと、哺乳類が独自に獲得している性染色体の仕組みが関係しているからです。

女性はX染色体を2本もちますが、男性は1本のみなので、両者の間でX染色体上の遺伝子の数に違いが生じています。これまでにお話ししているように、男性はY染色体をもっていますが、その遺伝子の数はX染色体よりもうんと少なく、遺伝子の種類もX染色体とは違うものになっています。ですので、X染色体だけに着目すると、XYの男性に対して、XXの女性はX染色体の遺伝子を2倍もつわけです。X染色体上の遺伝子の数は、900程度と予測されているので、XYの男性が900の遺伝子をもつのに対し、XXの女性は1800もつ計算となります。

実は、遺伝子の中には、その数が増えたり減ったりすると、うまく機能できないものがあり、遺伝子の数が変化した細胞が死んでしまうことも起きます。X染色体には、性に関係する遺伝子もありますが、男女関係なく細胞の維持や様々な生命機能の調節に働く遺伝子も多くあり、これらが男女間で数が異なると弊害が出てしまいます。そこで哺乳類は、この問題を解決するために、X染色体が2本ある場合はそのうちの一方を働かないようにしています。これを「X染色体不活性化機構」とよびます。一方のX染色体の構造を変化させ、そのX染色体上の遺伝子が働かなくなるようにしているのです。

この不活性化の仕組みは、細胞の中のX染色体の本数をカウントし、細胞中で必ずX染色体1本のみを残して他のX染色体は全て不活性化させるように機能するというものです。つまり、XXXなら2本のX染色体が不活性化され、XXYならY染色体の有無は関係なく、1本のX染色体を不活性化させます。このように哺乳類の細胞には、X染色体上の遺伝子の量を保つ仕組みが備わっているため、性染色体の本数にバリエーションが生じても問題が起きないようになっています。ただし、一部の遺伝子は不活性化の影響を受けないことが知られており、これらの遺伝子については、X染色体の本数が増えると遺伝子の量も増えてしまいます。

X染色体の遺伝子の多くは脳で働く

X染色体不活性化は、女性に大きな影響をもたらすといわれています。XYの男性は、父親からY染色体を、母親からX染色体を受け継ぐため、X染色体上の遺伝子は全て母親から譲り受けたものが働いています。

一方で、XXの女性は父親と母親から1本ずつのX染色体を受け継ぎますが、どちらのX染色体を不活性化させるかは基本的にはランダムに決まります。成人の身体はおよそ37兆個の細胞からできていると考えられていますが、ＸＸの女性の場合は、父親からもらったＸ染色体の遺伝子が働いている細胞と、母親からもらったＸ染色体の遺伝子が働いている細胞、２種類の細胞がまぜこぜのモザイク状態になっています。

このモザイク状態が、女性に大きな影響をもたらしていると考えられています。特に、Ｘ染色体は、全ての染色体の中でも脳の細胞（ニューロンなど）で働いている遺伝子の数がもっとも多いことが知られています。男性の場合は、母親からＸ染色体を受け継ぐため、脳の細胞で働いているＸ染色体の遺伝子は、母親由来のものだけです。しかし、女性の場合は、脳の細胞が、父親から受け継いだＸ染色体の遺伝子が働いているものと、母親から受け継いだＸ染色体の遺伝子が働いているものとのモザイク状態になっているのです。こうしたモザイク状態は、女性の思考や行動、社会性などに多様性をもたらし、創造性やイノベーションにつながるとも考えられています。

そして、注意していただきたいのは、この多様性の恩恵は、ＸＸの女性だけではなく、ＸＸＹの男性も受ける場合がある、ということです。ＸＸＹ男性のＸ染色体が２本とも母親由来でしたらＸＹ男性と同じ状況ですが、父親由来および母親由来のＸ染色体を１本ずつもつ場合は、ＸＸ女性と同様にモザイク状態になります。

遺伝子による性のバリエーション

第1章で、染色体はXXだけれども男性の表現型をもつ4人の性染色体を調べた研究から、*SRY*遺伝子が発見されたとお話ししました（29－30ページ）。これらの人では、Y染色体の一部がX染色体に移動（転座）し、その中に*SRY*遺伝子が含まれていて、性染色体はXXだけれど*SRY*遺伝子が働いて精巣が発生し男性になる、ということが起きています。また、何らかの原因で*SRY*遺伝子が働かないようなことが起きると、性染色体がXYでも性決定のスイッチが入らないので精巣ができず、女性の表現型になる場合があります。このように、遺伝子の働き方によっても、性にバリエーションが生じます。

*SRY*遺伝子は、性決定のスイッチを入れるいわばトップにある遺伝子ですが、*SRY*遺伝子の下流には2番目に働く遺伝子、3番目に働く遺伝子、といった具合に数多くの遺伝子が働いて精巣ができます。また、卵巣が発生するために働く遺伝子も、多く存在しています。これらの遺伝子の中でも、機能が追加される、あるいは阻害されることで性へのバリエーションをもたらす場合があります。そして、原因となる遺

伝子が判明している場合もありますが、不明な場合も多くあります。

ＸＹの女性やＸＸの男性は、健康に不具合が生じる場合があり、そういった人たちは性分化疾患という疾患名がつけられ、一部の人は医学的治療の対象になります。染色体の本数のバリエーション（１３７－１４０ページ）でもお話ししたように、性分化疾患についても、以前は、少数例のマイノリティであると考えられていました。しかし、治療を受けなければ数としては把握できませんし、本人も気づかないなどの例が知られるようになり、実際にはもっと多くの人がいるのではないか、といわれています。また、ここで理解していただきたいのは、その原因は様々ですし、その人によって状態は異なるということです。

ホルモンによる性のバリエーション

ホルモンもまた、私たちの性にバリエーションをもたらす要因のひとつです。ただし、ここで少し注意していただきたい点は、ホルモンの合成や分泌を担っているのは、基本的には遺伝子であるため、突き詰めていくと遺伝子のバリエーションともいえることです。さらに、遺伝子は染色体上にあるので、染色体によるバリエーションといえる場合も出てきます。染色体か、遺伝子か、ホルモンか、これらは私たちの身体の中で連動して機能しているため、明確な区別が難しいことがしばしばあります。

男性ホルモン（英名：アンドロゲン）を要因とするバリエーションのひとつに、アンドロゲン不応症が知られています。第1章で、ホルモンは分泌されるだけではなく、受け取られることが重要で、ホルモンを受け取りその情報を細胞に伝えるホルモン受容体が重要であるとお話ししました（44－45ページ）。さらに、男性ホルモン受容体がうまく機能できないことが主な原因となるアンドロゲン不応症についても述べていますが、ここで改めてご紹介しましょう。

アンドロゲン不応症も、人により程度や状態は様々ですが、多くの場合、性染色体はXYで*SRY*遺伝子も存在します。ですので、*SRY*遺伝子による性決定のスイッチが入り精巣が発生し、精巣からは男性ホルモンが分泌されます。しかし、その男性ホルモンを受け取る受容体がうまく機能できないために、男性ホルモンの効果が発揮できずに男性としての特徴がつくられにくくなります。そして、微量ながら分泌される女性ホルモンが女性ホルモン受容体に受け取られ、女性の特徴がつくられていきます。つまり、Y染色体やSRY遺伝子をもつのですが、精巣以外の生殖器官は女性様に発達していきます。

また、副腎でのホルモン分泌がもたらす性のバリエーションも知られています。副腎とは、腎臓の上部にある小さな臓器で、男性ホルモンに加え、鉱質コルチコイド、糖質コルチコイドというホルモンを分泌する重要な臓器です。副腎では様々な酵素が働くことによりホルモンがつくられるのですが、これらの酵素の働きが弱いとホルモンを十分につくることができません。どの酵素の働きが弱いかによって6つの疾患に分類されているのですが、日本人ではその罹患者の90%以上が、21-水酸化酵素欠損症であることが知られています。

ホルモンの基となる物質はコレステロールなのですが、21-水酸化酵素は、コレステロールから鉱質コルチコイドと糖質コルチコイドをつくる過程を仲介します。男性ホルモンは、多くは精巣でつくられますが、21-水酸化酵素とは異なる酵素の働きによって、副腎でも少量の男性ホルモンがつくられています。そして、21-水酸化酵素の働きが弱くなると、2種類のコルチコイドが不足する一方で、男性ホルモンの分泌が過剰となってしまうのです。コルチコイドは、糖やタンパク質、脂質などの代謝や、神経系や循環器系、消化器系、内分泌系の制御、免疫・炎症抑制など多数の生理作用をもち、男女問わず重要な働きをもつホルモンです。人によって程度は異なりますが、2種類のコルチコイドの不足は性に関係なく、副腎不全や循環不全などの重篤な症状をもたらす場合があります。そして、さらに女性であった場合は副腎での男性ホルモン分泌が過剰となることで、身体の男性化が引き起こされます。

長く使われてきた不適切な言葉

生物学的な性にバリエーションがある場合に、大変古い時代には、「両性具有」や「半陰陽」といった表現が使われてきた経緯がありました。生殖器官などの特徴が典型的な状態を示さず、男性様の特徴あるいは女性様の特徴が部分的に見られることなどから、こういった表現が使われてきたのですが、これらは適切な表現ではありません。また、男性と女性両者の特徴が見られることから「両性」や「中性」などといった表現や捉え方がありますが、これらもふさわしくないでしょう。

その理由のひとつは、これらの表現は古くから侮蔑的な意味が潜むものであり、大きな誤解や偏見を生み、当事者やその家族を深く傷つけ、互いの理解には繫がらないものだからです。

さらに、これらの言葉は実際の状態を的確に表現したものではないのです。何度も繰り返しお伝えしていますが、性のバリエーションは人によって様々であること、また、身体上の性的な特徴と性自認は別に考える必要があるからです。

この後にお話しするジェンダーにおいては、自身が男性であるのか女性であるのか、自身の性自認がどちらでもない、わからない、決めたくない、などといったバリエーションが知られています。しかし、身体上に両方の性の特徴をもつとしても、性自認は男性あるいは女性である場合も多く、偏見や先入観をもたずにそれぞれの在り方を理解することが大切です。

SOGIESC（ソジエスク）

生物学的な性に多様なバリエーションがあることは、おわかりいただけたと思いますが、さらに社会的な性であるジェンダーにも、様々なバリエーションがあります。ジェンダーを形づくる特徴として、性的指向や性自認などがあるとお話ししましたが、最近ではこれらの特徴をまとめて「SOGIE（ソジー）」と表現されます。ソジーは次の3つの特徴をあわせたものです。

［1］性的指向　Sexual Orientation、略してSO。恋愛や性的な関心がどの性に向くか、向かないか。
［2］性自認　Gender Identity、略してGI。自分の性をどのように自覚するか。
［3］性表現　Gender Expression、略してE。自分の性をどう表現するか。服装や言葉遣い、振る舞いなど。

さらにこれら3つの特徴に、先にお話しした生物学的な性である身体の性（Sex

Characteristics、略してSC。生物学的な身体の性など）をあわせたものを「SOGIESC（ソジエスク）」とよびます。ヒトは生物の一種ですが社会性をもっており、生物学的な性と社会学的な性をあわせたソジエスクが、ヒトの性の在り方を考える上で重要な要素であること、そしてこれらの要素は全ての人において均一ではなく、多様なものであることを理解するのがとても重要です。

また、ソジエスクは、ヒトの「性」をその属性（男と女、異性愛者と同性愛者などのバイナリー的な分け方）によって分類するのではなく、全てのヒトに共通する「性」を包括的に捉えた、新しい概念語句です。

ただし、生物学的な性のバリエーションの一部は、染色体や遺伝子、ホルモンなどで科学的な説明が可能ですが、ジェンダーが多様であることの要因を科学的に説明しろといわれても、困ってしまうのが実情です。なぜなら、ジェンダーに多様性が生まれる科学的あるいは医学的根拠を明確に示す研究がほとんど存在せず、その研究はまだまだ途中の段階であるからです。

例えば、私が過去に受けた質問の中でもっとも多いのは「ジェンダーの多様性は遺伝的なものですか？　あるいは環境などの要因によるのですか？」といったものです。

この回答に近づくような様々な研究がなされていますが、はっきりと「これです！」と示すことができるような、単純なものではないようです。

ゲイ遺伝子の謎

今から30年ほど昔の1993年、国際的に著名な科学雑誌『Science』に、長年にわたる論争を引きおこすきっかけとなった、ひとつの論文が公開されました(1)。アメリカ国立がん研究所のディーン・ハマー博士らの研究グループは、男性同性愛者（ゲイ）とその家族や親戚を対象に、計114家系について遺伝子マーカー解析を行いました。

遺伝子マーカーとは、ある性質をもつ個体に特有のDNA配列のことです。遺伝子そのものではないのですが、ある性質に関係した遺伝子マーカーがみつかった場合、マーカー配列の付近にその性質の原因となる遺伝子が存在している可能性が考えられるので、遺伝子のマーカー（目印）として遺伝学的研究に用いられています。

ハマー博士らは、男性同性愛者特有の遺伝子マーカーが、X染色体の末端部分に存在することを見出し、おそらく男性同性愛の原因遺伝子はX染色体上に存在するであろうと報告したのです。この論文は大きな反響をよび、この結果を支持する論文、あるいは結果に異を唱える論文などが相次いで報告され、ちょっとした論争となりました。人の行動や指向に働く遺伝子の研究はとても難しく、特にジェンダーに関連した遺伝子の報告はほとんどなかったため、多くの研究者の関心を集めたのです。

性的指向について受ける質問の中に「同性愛者は子どもをもつことはないと思うのですが、もし同性愛が遺伝的なものなら、なぜ同性愛者はいなくならないのでしょうか？」といったものがあります。この答えはとても繊細なものです。なぜなら、同性愛者だとしても異性と性的な関係をもつことはあるかもしれませんし、同性愛者であることを隠して異性のパートナーと子をもつこともあるかもしれません。その人によって事情は様々ですし、社会的あるいは文化的な影響も大きいことから、容易に答えられるものではありません。

しかし、その原因となる遺伝子がX染色体上にあるとするならば、遺伝学上は理論的に答えることができます。メンデルの遺伝の法則はご存じでしょうか？

グレゴール・ヨハン・メンデルは、現在の遺伝学研究の基礎となる遺伝に関する法則を発見した、オーストリアの生物学者です。メンデルは、同じ遺伝子にもその形質が現れやすいタイプと、現れにくいタイプがあることを発見しました。前者を「優性遺伝子」、後者を「劣性遺伝子」とよびますが、遺伝子の機能に優劣があるわけではなく誤解を招きやすいことから、最近では「顕性遺伝子」「潜性遺伝子」とよぶことが推奨されています。

男性同性愛の原因となる遺伝子が潜性遺伝子（劣性遺伝子）としてX染色体上にあると仮定します。女性はX染色体を2本もちますが、この遺伝子をもつX染色体が一方のみであった場合は、その性質が現れることはありません。しかし、男性にはX染色体が1本しかないので、この遺伝子をもつX染色体をもてば形質として現れてきます。この遺伝子をもつX染色体を受け継ぐ家系があった場合、たとえ同性愛者の男性が子をもたなくても、遺伝子を保有する女性がXYの息子を生んだ場合は、あくまでも理論上はこの遺伝子が受け継がれます。つまり、この遺伝子は女性から次世代の男性へと継承されていくのでなくなることはない、と遺伝学的には答えることができるのです。

この報告から20年ほどたった2015年、ハマー博士らの結果を強く裏付ける新しい報告がなされました(2)。アメリカ、ノースウェスタン大学の心理学者であるマイケル・ベイリー博士とノースショア大学の精神科医であるアラン・サンダース博士らは、ゲイの男性を含む384家系を調査した結果、ハマー博士らが報告したX染色体末端部に加え、8番染色体にも男性同性愛に関連する遺伝子領域を発見したのです。ハマー博士らの先行研究から20年以上たち、遺伝子領域の解析技術が向上していること、先行研究を上回る家系数を解析対象としたことなどから、ゲイ遺伝子の存在がさらに支持される結果となりました。

ただし、この論文においても、あくまでも男性同性愛に関連する遺伝子が存在していそうな領域が示されるにとどまり、遺伝子そのものが発見された訳ではありませんでした。

膨大なゲノム解読が謎に迫る

そして、生物のゲノム情報の解析技術が飛躍的に向上した2019年、ハマー博士らの論文が掲載されたのと同じ科学雑誌『Science』に、およそ50万人のゲノム情報を解析した研究報告がなされました(3)。マサチューセッツ工科大学やハーバード大学ブロード研究所をはじめとする研究グループは、ゲイに限らず、同性をパートナーとする(した)人を対象に、ゲノムワイド関連解析(Genome Wide Association Study、略してGWAS)を実施しました。これは、ヒトの全ゲノム情報(すべてのDNA配列)を解読し、特定の性質と関連する遺伝子領域を探す方法です。過去の遺伝子マーカーを用いた方法では、探索できる領域に限りがありましたが、近年のゲノム解読技術の発展により、全遺伝情報を網羅的に解析することができるようになっています。

約50万人を対象に解析した結果、常染色体上の5つの領域が、同性愛の行動と関連することが示唆されました。5つのうち、2つは男性同性愛者のみに、1つは女性同性愛者のみに、残りの2つは両者に関連傾向が見られた領域です。しかし、この5つの領域には、先行研究で報告されたX染色体や8番染色体は含まれていませんでした。

つまり30年もの年月をかけて、ハマー博士らが提唱したX染色体上の遺伝子の存在は、否定されたことになります。

遺伝子の影響は大きくない⁉

男性同性愛者のみに見られた領域の一方には、匂いに関わる複数の嗅覚受容体遺伝子が含まれていました。これらの遺伝子は、特定の香りを感じて反応する能力に影響を与えることが知られており、性的な魅力の感じ方にも影響を与えるのではないかと考えられています(4)。

また、もう一方の領域には、性ホルモンの調節に関連した遺伝子が含まれており、性ホルモンに対する感受性との関連も報告されていることから(5)、これらのホルモン調節が同性間の性行動にも関連していることが示唆されています。

この研究からいえるのは、性的な指向に影響を与える遺伝子は多数存在し、それぞれの働きが影響しあっているために、その仕組みは複雑であるということです。さらに具体的な遺伝子の実態については未だ明らかにされていません。また、この研究報告の解析によると、性的な行動に対するこれら遺伝子の影響は最大でも25％程度であり、多くは環境や文化的要因によるものだと考察されています。

つまり、性的指向に影響する遺伝子はあるかもしれないけれどその仕組みは大変複雑で、さらに必ずしも遺伝子による影響だけでは説明できない、ということです。仮に、ある人を対象に、今回明らかになった5つの遺伝子領域の配列を解読したとしても、その人の性的指向性を予測することは不可能です。

また、この研究自体にも問題点は指摘されています。50万人という膨大な人数を対象に調査されていますが、解析に使用したゲノム情報は、イギリスのバイオバンクとアメリカの個人ゲノム解析企業から提供を受けたもので、解析の対象が主にヨーロッパ系の白人で高齢者であることから、データに偏りがある点が懸念されています。

性自認はホルモンか？　遺伝子か？

性自認のバリエーションも様々です。生物学的な身体の性と自身が自覚する性が一致しない場合（トランスジェンダー）や、自身の性がどちらでもない、わからない、決めたくないなど（Xジェンダー、ジェンダークィア、クエスチョニングなど）です。2017年にカナダの研究グループが報告した論文によると、出生時に割り当てられた性と自身が表現する性の不一致による性別の違和感を経験した人は0・5〜1・3%であり、世界的にも増加傾向にあるといわれています(6)。

性自認にバリエーションがもたらされる原因のひとつに、出生前つまり母親の胎内にいた頃の性ホルモンの影響が考えられています。胎児期の性ホルモン、とりわけ男性ホルモンが重要な働きをもっていることは、第1章でお話ししました（46－47ページ）。XYの胎児の場合は、*SRY*遺伝子の働きにより胎児の身体に精巣がつくられると、そこから男性ホルモンが大量に分泌され「アンドロゲンシャワー」が起きます。大量に分泌された男性ホルモンは、胎児の身体の隅々まで届けられ、後に男性型に発達していくために様々な細胞、組織、器官を整えていくのですが、脳の発生にも影響を与えます。XXの胎児の場合ですと、基本的には精巣がつくられないため、このアンドロゲンシャワーの作用を受けません。

出生前のホルモンの影響について調べたものとして、双子を対象とした研究が知られています。男児と女児の双子の場合、胎内で男児が分泌する男性ホルモンが女児に伝わり、その女児に男性的な特徴があらわれやすいのではないかと考えられており、これを「出生前ホルモン転移説」とよびます（図4-2）。この説は、例えばマウスなどの複数匹の子を妊娠する動物で、子宮内でメスの胎児に囲まれた状態で発育するメスに比べ、オスの胎児に囲まれて発育するメスの方が、出生後にオスの特徴が見られる傾向があるという研究結果に基づいています(7)。

スコットランドのアバディーンで生まれた317組の男女の組み合わせの双子についての調査が、2020年に報告されました(8)。この研究では、1979年以前に男女の双子として生まれた女性の妊娠や出産の率を、女児同士の双子として生まれた女性と比較しましたが、特に差は見られていません。

そのほかにも、第1章でお話しした、胎児期の男性ホルモンの暴露量と相関する指比や、行動パターン、性的指向など、様々な特徴について双子の女児を対象とした研究がされてはいますが、顕著な傾向は見られない、あるいは再現性がない、といったネガティブな結果となっています。

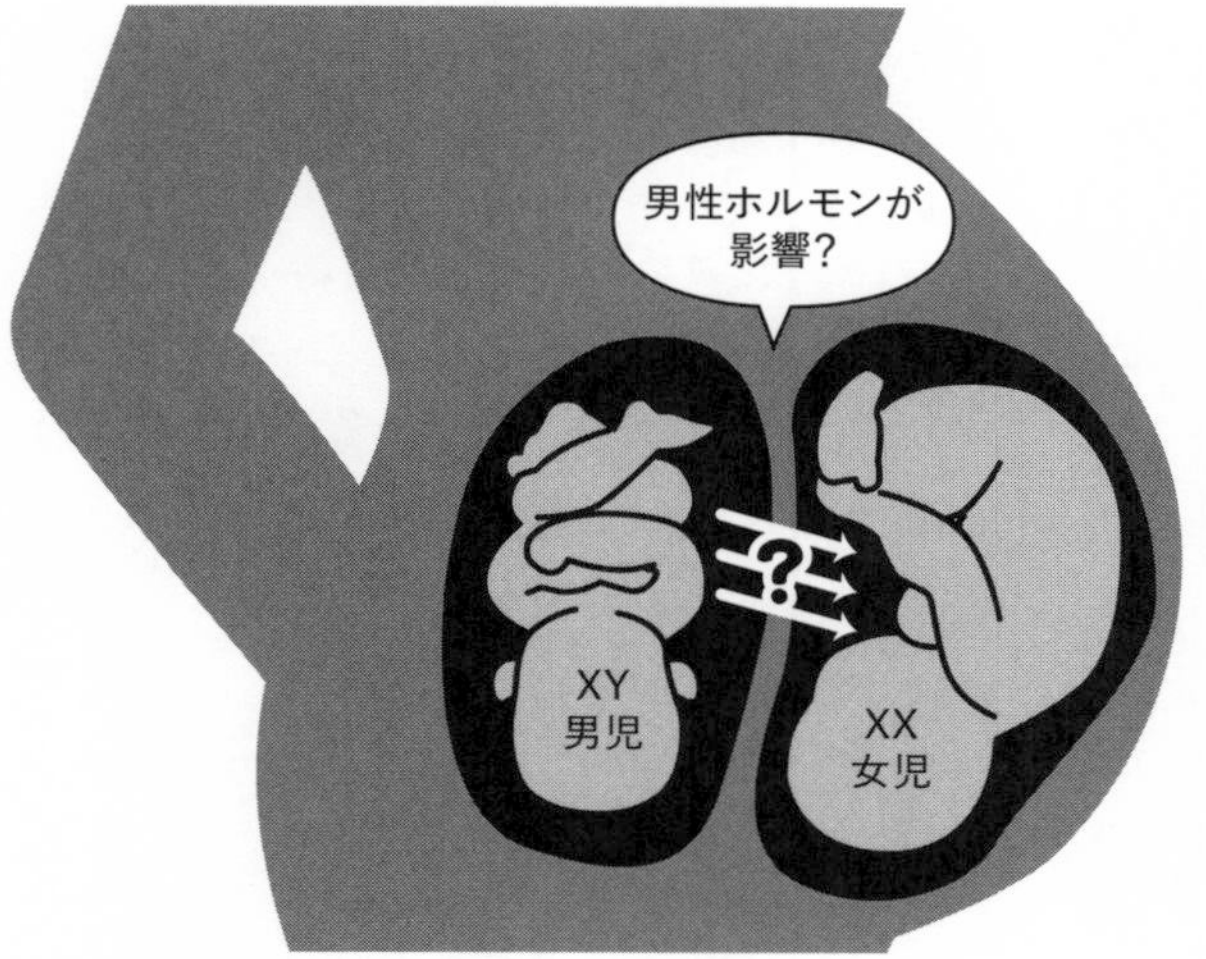

図4-2　出生前ホルモン転移説

胎内で男児が分泌する男性ホルモンが女児に伝わり、その女児に男性的な特徴があらわれやすいという説だが、性自認との関係を否定する研究がある。

また、日本においても双子を対象とした、出生前ホルモン転移説と性自認の関係を調べた研究があります(9)。この研究では、日本の首都圏に住む無作為に選ばれた双子を対象に、性自認の指標をはかるアンケート調査を行いました。

得られた回答のうち、男女の組み合わせの双子として生まれた女性617人と、女児同士の双子として生まれた女性1265人を比較しましたが、両者に差は見られず、出生前ホルモン転移説と性自認の関係は見出せませんでした。

性自認と遺伝子の関係を調べた研究もあり、遺伝子についても双子を対象とした研究があります。双子には一卵性双生児と二卵性双生児があり、一卵性は1つの受精卵が何らかの理由により2つに分かれたもので、ほぼ同じ遺伝情報をもって生まれてきます。一方、二卵性は2つの卵子にそれぞれ別の精子が受精したものなので、遺伝的には近いですが全く同じ遺伝情報をもつわけではありません。

一卵性と二卵性の双子を対象に行われたいくつかの調査から、性自認の違和が遺伝する率が推定されており、青年期の出生時女性[*1]では38〜47％、出生時男性[*1]では25〜43％、成人期での推定値はそれぞれ11〜44％と28〜47％の範囲であることが報告されています(10)。

ただし、双子を対象とした別の研究において遺伝的な要素は認められないという報告もあるため、結果の解釈には注意が必要です。性的指向の研究を紹介した際にも触れましたが、いずれの研究にも共通の問題点としては、解析対象の数が少ない、あるいは制限がある、再現性が得られない、などがあります。

また、性自認のバリエーションの原因となる、脳の働きに影響する遺伝子を見つけようと、アメリカ・ジョージア州のオーガスタ大学の研究グループは、血縁関係のないトランスジェンダー30人のゲノム情報を用いて、エクソーム解析を行いました(11)。エクソーム解析とは、遺伝子がもつ配列のうち、タンパク質をコードしている領域のみを濃縮し、配列を解読する方法です。第1章でお話ししたように、DNA配列のうち、遺伝子配列が占める割合はたったの1〜2%程度ですので(20ページ)、タンパク質をコードする、すなわち遺伝子として機能する領域のみを選択することで、効率的な解析ができます。

トランスジェンダーではない88名の解析結果と比較し、脳の性分化に働く19種類の遺伝子が、トランスジェンダーの人特有の変異があることが明らかになりました。ヒトにおいては、脳の性分化や発達について、よくわかっていないことが多いのですが、少なくともげっ歯類のモデル動物を使った研究では、これらの遺伝子が性特異的な脳の発達プロセスのどこかに関与していることが示唆されています。

しかし、ここでもやはり解析対象の数の少なさが問題となっており、このような研

＊1　出生時は女性あるいは男性と判断されたが、その性に違和感をもつ人。

究から得られる知見は暫定的なもの、つまり、まだ研究の途中であり、結論づけることは難しい段階であるといわざるを得ません。

科学的な理解が真の理解に

社会的な性に対する研究についてお話ししてきましたが、バリエーションをもつ人たちがまるで研究サンプルであるかのように感じ、不快感を覚えた人もいらっしゃるかもしれません。ですが、私は、ヒトの性に対する真の理解を得るためには、科学的な理解が不可欠であると考えています。

この本の前半では、私たちの典型的な性が決まる科学的な仕組みについてお話ししました。これらの知見は、多くの研究者が多くの研究を積み重ねることで得られたものです。解明が進んできていることもありますが、実はまだまだわからないことも多く残されています。

そして、古くは、典型的な男性（オス）らしさ、女性（メス）らしさについて研究されてきましたが、科学的な理解が進むにつれ、典型例ばかりではないこと、バリエーションが生じることは、生物としては当たり前で自然であるという考え方が生まれ、性についての研究はさらに広がりを見せています。全ての人が自分らしく生きていくためには、社会、教育、医療などの制度の見直しや充実が重要ですが、これらに加え、科学的な理解がその助けになります。

また、私は生物学者ですので、様々な生物の様々な性の在り方をご紹介してきました。「人間とは違う他の生物の例を出されても、人間に当てはめることはできないだろう」と思われる人もいるかもしれません。

確かに、ご紹介してきた生物はヒトとは異なる生物種です。ですが、ヒトの性の古典的な概念は、性の在り方の一部のみを切り取ったあまりにも固定的なものであり、私たちは長い間その概念にどっぷりと浸かってきてしまいました。そこで、様々な生物の性の在り方を知ることで、私たちの性についても柔軟に考えることができます。また、生物は進化をするものであり、私たちヒトも例外ではありません。進化は常に現在進行形で、現状にとどまるものではないのです。

この章ではヒトを話題の中心としていましたが、様々な在り方（＝進化の仕方）を知ることで、私たちの性も変わりゆくものであることを理解していただくために、ここからはヒト以外の動物の例をご紹介します。

「オスらしい」メス、「メスらしい」オス

3年に一度、ハワイのコナ島で、性決定研究に関する国際学会が開催されます。なぜこの地で開かれるのかといいますと、もともとこの学会が始まった初期の頃は、性決定の研究者がアメリカやオーストラリアに多く、ちょうど両者の中間に位置するハワイはアクセスが良いという理由からです。また、コナ島はホノルルなどのハワイの中心部よりも安価で宿泊できたため、大学院生も助かるということでした。

日本からのアクセスも良いため、後に日本人の研究者も多く参加するようになりました。会場となっているホテルに泊まり込んで、世界の性決定研究の最新成果を学ぶ時間はとても贅沢なものです。

ある年のことです。その国際学会の研究発表で、ブチハイエナの行動実験の動画が

紹介されました。映し出された小さな小屋の中央には、藁などが入った麻袋が積み上がっています。

このあと、ブチハイエナ達が初めてその小屋に入ることになるのですが、最初に入ってきたのは数頭のオスでした。小屋に入る際にも恐る恐るとした足取りで、オスたちは慎重にゆっくりと小屋の中を移動し、クンクンと何度も何度も麻袋の匂いを嗅ぎ、危険がないか警戒して確かめている様子でした。オスたちはずっと確認を続け、動画中では小屋を出ることはありませんでした。

次に、メス数頭の動画が始まりました。小屋に入って来る様子から、オスとは全く異なりました。勢いよく小屋に飛び込んできたメスたちは、あっという間に麻袋を噛んで引きずり倒し、小屋中を走り回り、麻袋をやっつけたらすぐさま出て行きました。

動画の終了時に、講演者が「Two minutes（2分）」と一言添えると、会場は爆笑となりました。オスたちがあれだけ慎重に行動していたのに対し、メスは小屋に入るやいなや、たったの2分で麻袋をボロボロにして出て行ってしまったのです。

ブチハイエナは主にアフリカ大陸に生息し、高度な社会性をもつことが知られています。ハイエナの中では最も大型なのですが、メスの方がオスよりも体が大きく、群の中でもメスの方が優位にあります。また、動画の様子からもおわかりいただけるように、メスの方がオスよりも攻撃的で、いわゆるオスとメスの特徴が逆転しているのです。

しかも、なんとブチハイエナのメスは、ペニス（陰茎）をもちます。一般的に、哺乳類ではオスがペニスをもつのに対して、メスはクリトリス（陰核）をもちます。両者は、発生学的には同じ器官ですが、オスの場合は男性ホルモンの作用により、構造的に大きく肥大します。ブチハイエナのメスのペニスは、クリトリスが肥大化したものですが、ペニスと同様に勃起もします。

さらにメスの陰唇は、分かれずに融合した状態で膨らんでいるので、オスの陰嚢とそっくりの形状をしています。ブチハイエナの雌雄の生殖器官の写真が掲載された論文を見たことがありますが、両者はそっくりです(12)。

なぜブチハイエナはこのような特徴をもつのでしょうか？

最も考えやすく、実際に研究されてきたのは、メスの男性ホルモン量がオスよりも多いのではないか？ということです。しかし、オスとメスの男性ホルモン量レベルを比較した研究は多数あるのですが、成長段階や時期によってホルモン量にも大きな幅があり、結果の解釈が大変複雑であるため、男性ホルモンが原因だとはいい切れないのです。

また、妊娠中のメスでは男性ホルモンが多く分泌され、それが胎児に作用してメスの子の生殖器官がペニス様に発達するのではないか、ともいわれています。しかし、男性ホルモンの作用だけでは説明がつかないという報告もされており(13)、やはり男性ホルモンだけに依存した単純な話ではないようです。

ひとついえることは、このような雌雄の在り方が、ブチハイエナにとって適応的であった、ということです。実はブチハイエナのメスのペニスは、膣とつながった構造をしています。そのせいで難産であることが知られています。出産時、母子ともに死に至るリスクがありながら、おそらくそれを上回るアドバンテージがあり、ブチハイエナなりの雌雄の在り方が進化してきました。

つまり、オスやメスは固定的なものではなく、その生物の生態や環境、状況に応じて柔軟に変わっていく（進化していく）ものなのです。

筋肉が必要だ!!

さらに「オスらしい」メス、がいることが知られている哺乳類がいます。それは、モグラ、です。すでにお話ししているように、哺乳類では一般的に、性染色体がXYだと精巣をもち、XXだと卵巣をもちます。しかし、モグラのグループのうち少なくとも8種では、XYのオスは精巣をもつのですが、XXのメスは卵巣だけでなく、卵巣の一部が精巣となっている「卵精巣」とよばれる生殖腺をもつことが知られています(14、15)(図4-3)。しかも、一部のメスだけがこのように特殊な状態になっている訳ではなく、これらのモグラでは、メスは全ての個体が卵精巣をもちます。

なぜこの8種のモグラではこのようなメスが生まれてくるのでしょうか?

モグラの中でも、特にイベリアモグラを使った研究が知られています。ドイツのマックス・プランク分子遺伝学研究所の研究者をはじめとする研究グループは、イベリアモグラのゲノム情報を解読し、主に2つの遺伝子の構造に変化が起きたことを明らかにしました(16)。

そのうちのひとつは、男性ホルモンの合成に働く酵素をつくる遺伝子でした。この

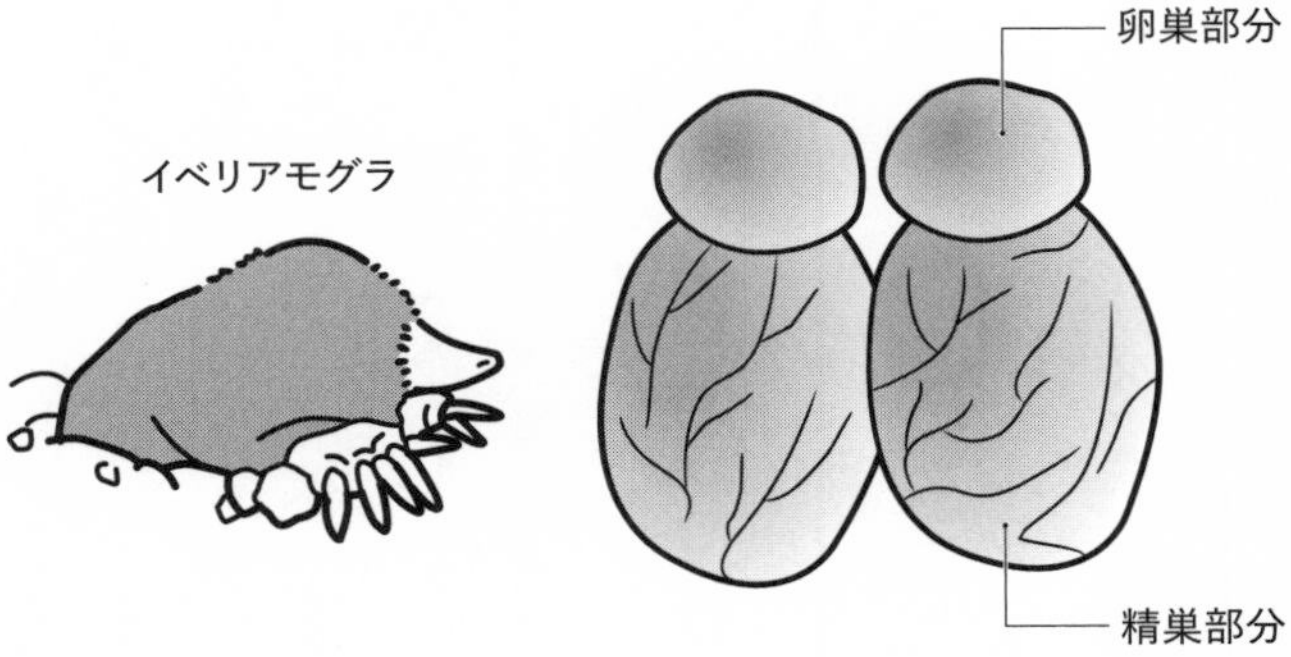

図4-3　メスが精巣をもつイベリアモグラ

(左)イベリアモグラ
(右)メスがもつ卵巣と精巣。

遺伝子は、ヒトを含む多くの哺乳類では染色体上に1つのみ存在するのですが、イベリアモグラでは3つに増えていることがわかりました。

しかし、重要なのは数が増えたこと自体ではなく、3つに増える過程で、遺伝子の発現を増加させる働きをもつ配列に変化が生じて、多くの酵素をつくるようになった、ということです。すなわち、このことから効率的に多量の男性ホルモンを合成できるようになったことがわかりました。

さらに、研究グループは、メスの卵精巣の組織切片をつくり、顕微鏡で観察したところ、卵精巣の卵巣部分では卵子をつくっていますが、精巣部分には生殖細胞は存在せず、精子はつくっていないことをつきとめたのです。

また、血液中の男性ホルモン量を測定したところ、イベリアモグラのメスの男性ホルモン分泌量はオスとほぼ変わらない値でした。つまり、メスの精巣部分は生殖のためではなく、男性ホルモンを多量に分泌するために存在しているのです。

イベリアモグラでは、なぜこのような進化が起きたのでしょうか?

その理由のひとつとして考えられているのが、モグラは地中生活を送るため、多くの土を掘り進める筋肉が必要だからではないか、というものです。男性ホルモンは筋肉を増加させる働きがあります。モグラにとって筋肉は、オスだけではなくメスも必要なため、卵巣の一部を精巣化させて、オスと同じレベルの男性ホルモンを分泌させているのではないか、と考えられています。

この研究の論文を読んだ時、以前に、ある女性研究者の方から聞いたエピソードを思い出しました。その方は海洋生態系の研究をされていて、海外の研究者と船に乗り、海洋でのフィールド調査を行っています。船の上では力仕事が多いものです。とても重いものを運ぶときに日本では「男手が必要だ」ということがしばしばありますが、海外の研究者仲間は「Need muscle!!（筋肉が必要だ!!）」と表現するそうです。「オスだから」「メスだから」ではなく、「必要だから」多様に進化する、これが基本的な性の在り方のように思います。

Yを捨てた日本のネズミ

最後に、私の研究を紹介させてください。私はトゲネズミという哺乳類について、長年研究を行っています。トゲネズミ属は3種から構成される日本固有のげっ歯類で、沖縄、奄美大島、徳之島にしか生息しておらず、それぞれの種に島の名前がついています。

この種のうち、アマミトゲネズミとトクノシマトゲネズミはY染色体をもたず、オスもメスもX染色体1本のみのXO型です。メスはXX型で良いように思うのですが、なぜだかメスもXO型です。染色体が1本少ないので、染色体数は奇数（アマミは25

本、トクノシマは45本）となります。そして、*SRY*遺伝子を完全に失っているのです。

ヒトを含む多くの哺乳類では、Y染色体なしにオスが生まれてくることはありません。Y染色体があったとしても、*SRY*遺伝子が欠失したり機能できない場合は、精巣がつくられないため、やはりオスの誕生は不可能です。しかし、トゲネズミはY染色体や*SRY*遺伝子なしに、オスが生まれてくるのです。

Y染色体もない、*SRY*遺伝子もない哺乳類種は世界的にも大変珍しく、多くの研究者が注目する存在です。しかし、トゲネズミ属は劇的にその数を減らしており、絶滅危惧種に指定されていることに加え、1972年から国の天然記念物にも指定されています。「絶滅しかかっているのは、Y染色体を失ったからですか？」とよく質問されますが、そうではありません。森林伐採などによりトゲネズミの生息環境が減少した、島に導入されたマングースや飼い猫が野良化したノネコによる捕食、などが主な原因です。

トゲネズミの祖先はY染色体をもっていました。しかし、ある時、私たちにいつか訪れるであろうといわれているY染色体消失が、実際にトゲネズミたちに起きたのです。しかし、トゲネズミはこの危機を乗り越え、素晴らしい進化を遂げたにもかかわらず、現在は、人の手により絶滅の危機にさらされています。

*SRY*遺伝子なしにどうやってオスが生まれてくるのか？　*SRY*遺伝子に依存しない新しい性決定のメカニズムがあるはずなので、それを解明することが私の大きな目標でした。そこで最初に調べたのは、*SRY*遺伝子以外のY染色体上の遺伝子はどうなったのか？ということです(17)。第2章でお話ししたように、Y染色体上には*SRY*遺伝子以外にも、精子をつくる遺伝子など、オスにとってなくてはならない遺伝子が存在しています。

研究の結果、もともとY染色体上にあった遺伝子のうち6個のみが、X染色体の末端部分に移動（転座）し、生き残っていることがわかりました。つまりこの6個は、オスが機能するために必要最低限の遺伝子であるということです。

ただし、メスも同じX染色体をもつため、これら元Y遺伝子をもっています。本来、これらの遺伝子はY染色体上にあるため、オスにしか発現しないのですが、トゲネズミではオスに限らず、大変不思議なことにメスの卵巣や脳でも発現していることがわかっています。

この研究からいえることは、Y染色体はどうしても重要な数個の遺伝子を他の染色体に逃がしてやりさえすれば、消えることができる、ということです。

そして、*SRY*遺伝子に代わる何かが性決定のスイッチを入れることができれば精巣ができ、そしてX染色体にある元Y遺伝子の働きにより、精巣内で精子がつくられる、つまりY染色体がなくても機能的なオスが生まれる、というストーリーが完成しました。

私たちのY染色体がいつか消えてしまったとしても、男性が生まれることを可能にする進化の道筋を示すことができたのです。

新しい性決定スイッチの獲得

最後に、肝心の性決定のスイッチを明らかにする必要がありますが、これには実に、とても長い年月がかかりました。ヒトを含む哺乳類のゲノムには、とても大きな性差がありますが、トゲネズミのゲノムの性差はとても小さいもので、簡単には見つからなかったのです。

アマミトゲネズミの雌雄のゲノムを解読し、比較してやっと見つかった性差は、*SOX9*という遺伝子の調節配列でした(18)。*SOX9*遺伝子は*SRY*遺伝子の直接のターゲットになる遺伝子です。*SRY*遺伝子が*SOX9*に働きかけ、*SOX9*の発現を促進させることで精巣分化が進みます。この時、*SRY*遺伝子はエンハンサー[*2]とよばれる調節配列を使って*SOX9*の発現を増大させるのですが、トゲネズミのオスは、このエンハンサーを含む領域が重複していて2つもっていました。メスには重複がなく1つのみです。つまり、トゲネズミではエンハンサーを2倍もつことで、*SRY*遺伝子がなくても*SOX9*の発現を増やすことができ、精巣分化が進んでオスになる、という仕組みが明らかになったのです。

*SRY*遺伝子に依存しない哺乳類の性決定メカニズムの解明は、世界で初めての成果でした。さらに、遺伝子そのものではなくエンハンサーという遺伝子調節領域によ

＊2　遺伝子が働く時期や遺伝子産物の量を調節する塩基配列のこと。エンハンサーとよばれる調節領域は、遺伝子産物の量を増大させる働きをもつ。

り性が決定されるという発見も、大変珍しいものです。

また、*SOX9*遺伝子とそのエンハンサーは常染色体に存在します。つまり、トゲネズミでは常染色体が新しい性染色体へと進化しているのです。このように、新しい性染色体が進化することを性染色体の転換（ターンオーバー）とよぶのですが、哺乳類における性染色体のターンオーバーはこれまでに報告がなく、これも世界で初めての発見です。

この成果を論文として発表した際には、世界的に大きな反響がありました。様々な国、地域で実に300以上ものインターネット記事が配信され、非常に高い関心が寄せられていることを目の当たりにしたのです。

バリエーションの意義

そして、実はトゲネズミで明らかになったこの仕組み、類似したものがヒトにも存在することがわかっています。ヒトの染色体や遺伝子のバリエーションとして、

SOX9遺伝子の調節配列の重複が原因となる例が報告されています(19)。トゲネズミのオスと同様に、エンハンサーを含む配列が重複していることで、SRY遺伝子がなくてもSOX9遺伝子の発現が増大されるため、性染色体はXX型であっても男性の表現型となるのです。

ヒトではまだSRY遺伝子に依存した仕組みを保っており、こういった例は性分化疾患として現在は医療の対象となっています。しかし、ヒトのY染色体が消えて失くなってしまった時、このような変異が性決定を担う可能性は十分に考えられます。

生物学的な性や社会的な性のバリエーションを、単なる疾患や例外的なマイノリティであると捉えるネガティブな考えが、社会には未だ根強くあります。しかし、ヒトが生物として進化していく上で、バリエーションは必要なもので、必然的に生まれてくるものです。いい換えると、性のバリエーションには生物学的に重要な意義があるのです。

Yがなくてもオスが生まれるこの素晴らしい進化は、琉球列島の豊かな自然が育んだものです。自然環境が豊かであるほど、生物の多様性は守られます。つまり、多様であることは豊かさの証拠なのです。

ヒトの性の在り方も同じです。その多様性やバリエーションが守られ、受け入れられる社会こそが、真に豊かな社会でしょう。

第5章

寿命の性差を検証する

――なぜ男性は女性より短命なのか

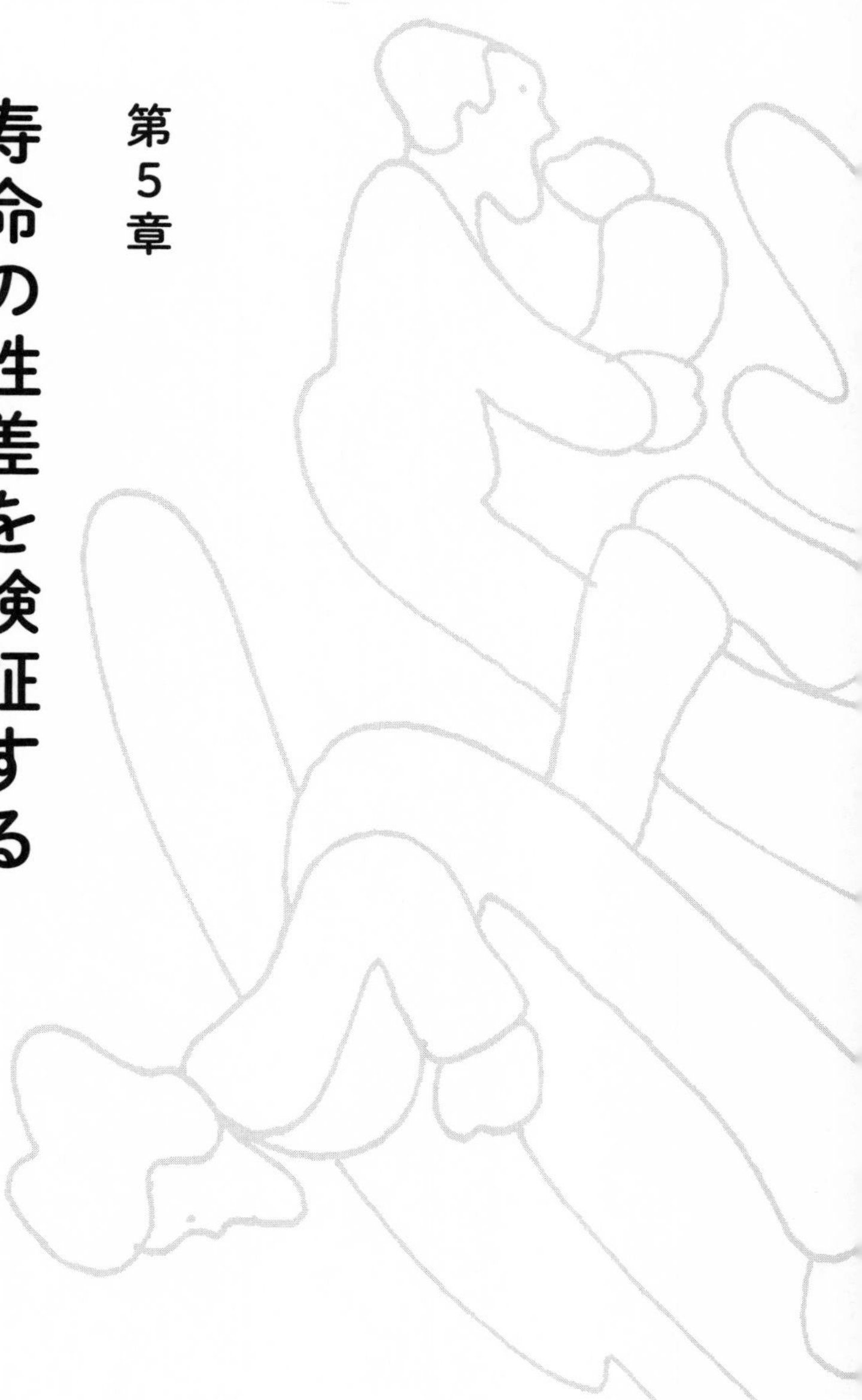

海外から見た「65歳定年」

それは2023年のこと、2020年から続いたコロナ禍が明けた最初の国際学会で、私はオーストラリアのメルボルンを訪れました。私の親しい研究者の多くは、メルボルンの大学で研究をしています。その中には、第2章でお話しした、世界で初めて「Y染色体はいつか消える」と論じたジェニファー・グレイブス博士も含まれます。

メルボルンを州都とするビクトリア州は、コロナ禍において大変に厳しいロックダウン（都市封鎖）政策をとり、当時、日本でも報道されていました。2021年10月には累計世界最長（262日間）となるロックダウンがメルボルンで解除されましたが、それまでにメルボルン中心部では、数千人規模の抗議デモと警察との衝突が起きていました。私もひどく心配をして、特に仲良しの研究者とは何度もメールでやり取りをしたことは記憶に新しいです。

コロナ禍中は、学会も国内、海外ともすべてがオンラインでした。ですので、メルボルンの国際学会では久しぶりの再会に喜び合い、会場近くのパブで各々がビールやワインを手に、研究の進捗から家族のことまで、様々な話題に花を咲かせました。オーストラリア人だけでなく、スペイン、フランス、ドイツ、アメリカ、中国などの研究者とお酒と会話を楽しんでいるうちに、研究者の退職年齢についての話題となりました。

日本の多くの大学や研究所では、決められた年齢に達した際に退職する定年退職の制度がとられています。以前は、定年退職の年齢は60歳が一般的でしたが、現在では65歳という大学が増えており、今後はさらに年齢が引き上げられるのではないかともいわれています。

退職の制度は国によって事情が異なり、実力があれば何歳でも現役でいられることが可能な国もあります。逆にいうと、研究資金を獲得できなければ、いくら若くても研究を続けることはできません。大変厳しい実力主義の世界でもあるのです。

例えば、冒頭のグレイブス博士は1941年生まれです。変わらずお元気に活躍されていますが、コロナ禍明けに再会した時は80歳を超えておられました。Y染色体がいつか消えると提唱された時はオーストラリア国立大学の教授でしたが、その後、メルボルンのラ・トローブ大学に移られ、現役の教授として研究活動を続けています。グレイブス博士ほどの実力、人気、知名度があれば、生涯現役の研究者として活躍できるのです。

「日本は65歳で退職だ」と告げると、「日本人は長生きだから、その年齢は早すぎるよね！」と、どの国のみなさんも口を揃えていいました。日本が長寿の国であることは、世界的にも有名なのです。

そして、男性と女性で退職年齢が違う国もあるとのことでした。女性の方が、男性よりも退職年齢が早い国があるというのです。「女性の方が長生きなのに⁉」とみなさん驚かれた様子で、私も世界にまだ根強く残されているジェンダーギャップに驚きました。

なぜ日本人は長寿なのか

厚生労働省が公開しているデータでは、日本人の平均寿命は１９５５年以降、右肩上がりに延び続けています（図５‐１）。１９５５年では女性、男性ともに平均寿命が60歳台であったのに対し、２０１９年には女性が87・４５歳、男性が81・４１歳と、

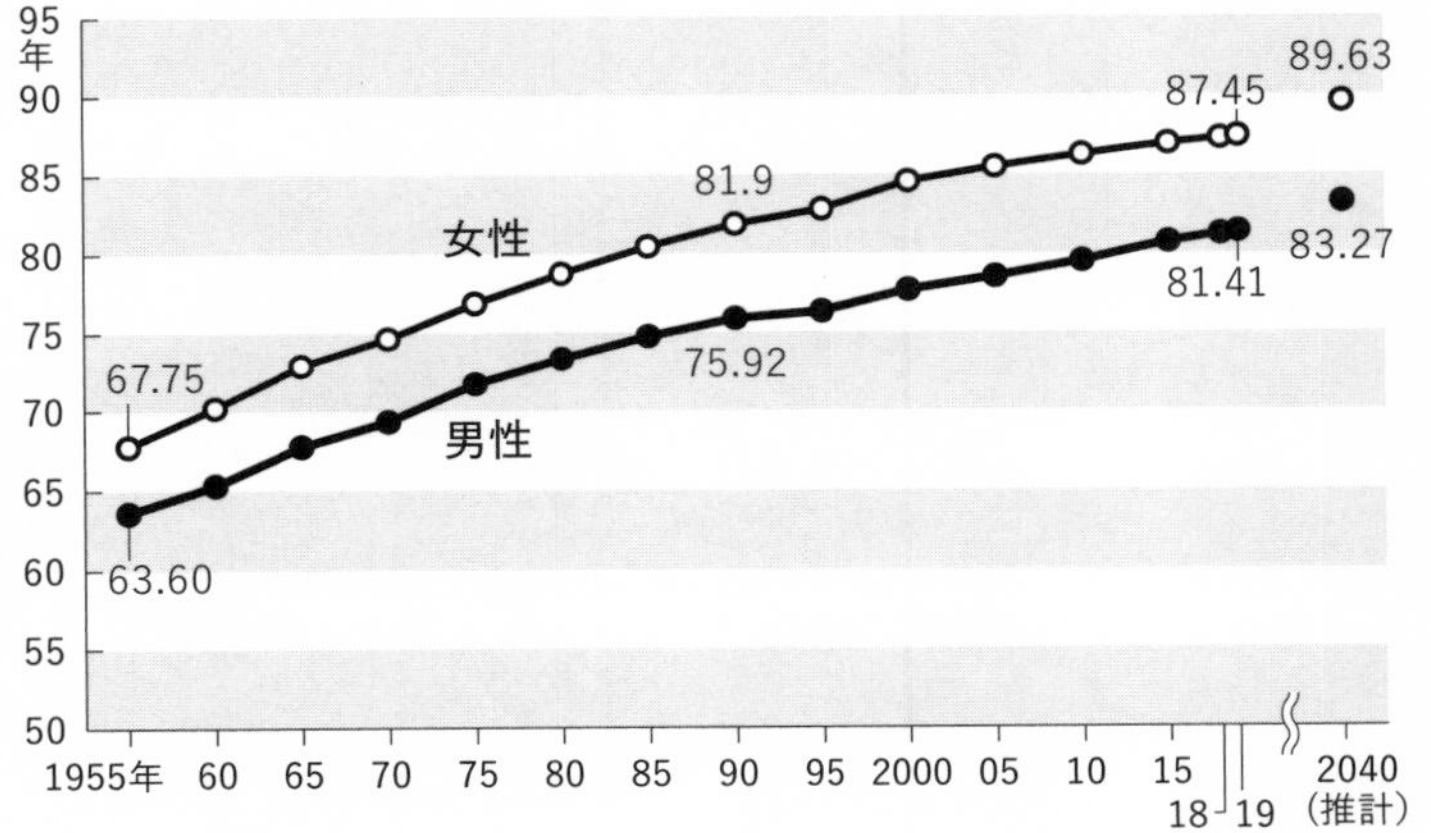

図5-1　日本の平均寿命の推移

厚生労働省「令和２年版　厚生労働白書－令和時代の社会保障と働き方を考える――平均寿命の推移」を参考に作成。
https://www.mhlw.go.jp/stf/wp/hakusyo/kousei/19/backdata/01-01-02-01.html

およそ65年間で17～20歳ほど平均寿命が延びています。さらに推計によると、２０４０年の平均寿命は女性が89・６３歳、男性が83・２７歳で、女性は90歳台に迫ることが予測されています。

　日本人の平均寿命が延び続けている理由としては、まずは医学の進歩と医療制度の整備が大きいと考えられています。時代とともに医療技術や医療機器が発達し、医薬品の開発も進みました。以前は治療が難しかった病気、ケガも、現在の医学では可能となるものが増えています。さらに、国民皆保険制度[*1]がとられ、諸外国に比べて個々人が負担する医療費が比較的低く抑えられていて、受診のハードルが低いこともあります。特に、妊婦、乳児の保健指導や定期検診、乳児への予防接種の普及により、乳児の死亡率が減少したことも要因のひとつと考えられています。

また、生活環境施設などのインフラが整備されたことも挙げられます。特に、上下水道や廃棄物処理施設の整備により、水や汚物を介した感染症の発生率が減少したことが大きいと考えられています。さらには多様な食素材を使用し、食物繊維を多く摂取する日本特有の食文化や、日本人が持つ遺伝的なものなども影響しているのではないかともいわれています。

世界の平均寿命と比べてみましょう。世界保健機関（World Health Organization: WHO）が2022年に公開した世界の平均寿命に関するデータ(1)を見てみると、男女あわせた日本の平均寿命は84・3歳で、2位のスイス（83・4歳）、3位の大韓民国（83・3歳）を抑え、世界トップとなっています。

男女の寿命——なぜ女性は長生きなのか

世界トップの平均寿命をもつ日本ですが、185ページの図5-1を見ていただくとおわかりのように、データがある全ての年において、男性よりも女性の平均寿命の方が長いことがわかります。男性よりも女性の方が長生きの傾向がある、多くの方がご存じのこの事実、実は世界的にも同様の傾向が見られます。

なぜ女性は男性よりも長生きなのでしょうか？

男女の寿命の違いについては、様々な研究が行われています。その中で、特に大きな要因として考えられているのは、遺伝子、性染色体、ホルモンの違いです。特に女性ホルモンについては、女性の健康に大きく影響しており、そのため寿命にも関係しているといわれています。

コレステロールという分子が、男性ホルモンや女性ホルモンをつくる原材料になっていると、第1章でお話ししました（38ページ）。コレステロールは、私たちの身体

＊1　原則的にすべての国民が公的医療保険に加入しなければならない制度。

にはなくてはならない重要な脂質のひとつで、ホルモンの材料となる以外にも、細胞膜をつくる材料や、脂肪の吸収を助ける胆汁酸の材料にもなります。さらに、髪や皮膚を滑らかにしたり、神経伝達にも働くと考えられています。ですので、私たちの血液の中にコレステロールは、常に存在しています。

コレステロールとホルモンの関係

そしてコレステロールには、「悪玉」と「善玉」がいると聞いたことがある人も多いのではないでしょうか?

この表現から、身体にすごく悪いコレステロールと、すごく良いコレステロールの2種類があると思っている人も多いのですが、実は両者はコレステロールとしては同じものです。違いは、血液中を移動するときの状態にあります。コレステロールは脂質、つまり脂ですから水に溶けないので、そのままでは血液に溶けて体内を移動することができません。ですので、血液に溶けやすい特殊なタンパク質などに包まれたカプセル状となり、血液中を移動します。このカプセル状の物質をリポタンパク質といいます。

リポタンパク質は何種類かに分けられますが、このうちＨＤＬと呼ばれるリポタンパク質でできたカプセルは、余分なコレステロールを回収して肝臓に戻す役割をもっています。そのため、このカプセルに包まれたＨＤＬコレステロールを「善玉コレステロール」とよびます。

一方で、ＬＤＬとよばれるリポタンパク質のカプセルは、身体中にコレステロールを届ける役割をもっています。コレステロールを届けること自体は必要なのですが、ＬＤＬが増えすぎると血管内にコレステロールが蓄積してしまい、血管を傷つけたり血管の内側を狭める原因となります。ですので、ＬＤＬコレステロールを「悪玉コレステロール」とよぶのです。

そして女性ホルモンは脂質の代謝に深く関わっており、ＬＤＬコレステロールを抑える働きをもっていると考えられています。つまり、女性ホルモンを分泌している女性の身体では、悪玉コレステロールが抑えられ、結果的に心血管疾患や動脈硬化になるのを防いでいるのです。

実際に、日本を含めたほとんどの先進国において、心筋梗塞などの心血管疾患や動脈硬化の罹患率は、女性よりも男性に多く(2)、女性ホルモンがこれらの病気を予防していると考えられています。しかし、閉経を迎え女性ホルモンの分泌が低下した女性では、急激にＬＤＬコレステロールが増加します。高齢になるほど女性での心筋梗塞による死亡率が上がるという報告もあるため、女性でももちろん注意が必要です。

男性に少ない長寿ホルモン

また、「アディポネクチン」とよばれるホルモンも、寿命に関係しているといわれています。

アディポネクチンは脂肪細胞から分泌されるホルモンで、血管の内皮細胞に働きかけて動脈硬化を抑える働きをもっています(3)。また、先にお話しした善玉のＨＤＬコレステロールを増やす働きや、糖尿病を抑えたり、抗炎症作用もあることから、様々な生活習慣病の予防に働いていると考えられています。そのため、「長寿ホルモン」や「健康ホルモン」ともよばれます。

このアディポネクチンの分泌量は、一般的に男性よりも女性の方が多いといわれています。なぜこのような性差が生まれるのかという疑問に答えたのが、男性ホルモンがアディポネクチンの分泌を阻害しているという研究報告です(4、5)。男性は女性よりも多くの男性ホルモンを分泌しているがために、長寿ホルモンの恩恵を女性よりも受けにくい、という状況なのです。

肥満や内臓脂肪が蓄積すると、アディポネクチンの分泌量が減ることも知られています。この分泌量は、肥満度を示すBMI*2の値と強い相関があることが報告されています(6)。つまり、内臓脂肪を減らすことでアディポネクチンの分泌量が増えることが期待できるので、内臓脂肪型肥満にならないようにすることは男性にとってはより長寿の秘訣となりそうです。

*2 BMI（Body Mass Index）は、体重と身長から算出される肥満度を表す体格指数。

動脈硬化を抑える女性ホルモン

さらに女性ホルモンは、いくつかの方法をとって血管壁に作用し、動脈硬化を抑える働きをもつことが知られています（7）。

ひとつは、直接的に血管壁に作用する方法です。血管を拡張させる機能をもつ物質には、一酸化窒素とプロスタサイクリン[*3]が知られていますが、女性ホルモンは血管の内皮細胞に直接的に働きかけ、内皮細胞での一酸化窒素とプロスタサイクリンの産生を増加させます。そうすると血管は柔軟になり、拡張して血圧も下がります。

そのほかに、血管内皮細胞を増殖させる働きもあります。高血圧や高脂血症、糖尿病などにより血管内皮細胞が傷つくと、その場所は厚く硬くなってしまいます。しかし女性ホルモンの働きにより血管内皮細胞が増えると、傷ついた部分が再生するので、肥厚を防ぐことができます。

さらには、血管壁の大部分をつくっている血管平滑筋細胞に働きかけて血管平滑筋を弛緩させ、血管を拡張する効果ももっています。

このように様々な方法で、高血圧や動脈硬化の予防に大きな役割を果たしている女性ホルモン。その働きは狭心症や心筋梗塞などの心疾患、脳出血や脳梗塞などの脳血管疾患のリスクを下げ、女性の長寿に大きく貢献しているのではないかと考えられています。

男性ホルモンがないと長生きできる？

ヒトに限らず多くの哺乳類で、オスはメスよりも寿命が短いことが知られています。そのため、女性ホルモンの分泌量の差だけではなく、男性ホルモンそのものがオス（男性）の寿命に影響を与えているのではないか、とも考えられているのですが、男性ホルモンと寿命の関係には未だ不明瞭な点が多く残されています。

しかし、例えば去勢したラットやイヌは、去勢していないオスよりも長く生きることが報告されています(8、9)。去勢とは、外科手術により精巣を除去することで、精

＊3　プロスタグランジンのひとつでプロスタグランジンI_2ともいう。

巣がなくなってしまうと十分量の男性ホルモンが分泌されなくなります。

ヒトでも、去勢された場合の寿命について調査した研究があります。韓国の宦官《かんがん》の寿命を調べたものです。

宦官とは、去勢を施された官吏のことです。宦官の制度は古代から各文化圏に存在し、東アジアでは古代中国にはじまり朝鮮やベトナムなど、主に中国の勢力圏にあった地域に広がりました。

去勢手術は、もともとは刑罰として行われていましたが、皇帝の側に仕える地位を手に入れた宦官が多くいました。それゆえに、自ら志願して宦官となる者が後を絶たない時代もありました。明の王朝時代は、10万人もの宦官がいたとの記録もあります。そのため、去勢手術を専門に行う役目の者がいて、外科手術により睾丸（精巣）と、地域によっては陰茎もあわせて切り落としました。

100年生きた宦官

韓国の仁荷《インハ》大学の研究グループは、宦官制度を取り入れていた朝鮮王朝の記録を調査し、朝鮮王朝時代の宦官の寿命を調べました[10]。

この歴史的資料は「養世系譜」とよばれ、世界で唯一現存する宦官の家系図が記されたものです。朝鮮王朝においては、宦官は去勢を施されているため、生物学上の自身の子をもつことはありませんでした。しかし、当時の朝鮮王朝では、結婚し養子をもつことが認められていました。

「養世系譜」には385人の宦官についての記録があります。その中から、誕生と死亡の年代が明確に記録されており、かつ少年期に去勢した宦官81名を選び出し、その死亡年齢を調べました。なぜ幼少期に去勢した宦官を選んだかといいますと、本来ならば思春期に多く分泌されるはずの男性ホルモンの影響を受けずに成長したと考えられるからです。一方で、大人になってから去勢をした場合は、男性ホルモンの影響をすでに受けているからです。さらに、去勢を受けていない比較対照群として、宦官と同等の地位にあった3つの家系の貴族の家系図から、男性の死亡年齢を調べました。

宦官でない3家系の貴族男性では、平均死亡年齢の幅は51～56歳となりました。一方で、宦官の平均死亡年齢は70歳で、宦官でない男性の寿命よりも14～19年長いことがわかったのです。

さらに、調査対象となった81人の宦官のうち、100歳以上生きた人が3人もいました(100歳、101歳、109歳)。

宦官でない男性の平均死亡年齢が示しているように、当時の貴族の男性の平均寿命は50歳程度と予想されます。さらに、王の平均寿命は45歳、王族男性は47歳であったことから、宦官がいかに長生きであったかがわかります。ちなみに、現在の長寿大国日本では「人生100年時代」といわれており、2023年9月時点で、100歳を超える高齢者は9万2139人。これは、およそ1350人に1人の割合です。しかも、100歳を超える高齢者の89%は女性なのです。

ただし、この報告から「男性ホルモンが男性の寿命を縮めている!」と結論づけることはできません。この調査結果は、宦官が長生きであったことを示してはいますが、男性ホルモンとの因果関係を科学的に明らかにしたわけではないからです。前節でご紹介した去勢したラットやイヌの研究報告からも、男性ホルモンが男性の寿命に何らかの影響をもたらしている可能性は考えられます。しかし、寿命に影響するのは男性ホルモン以外の要因、例えば宦官の食生活や生活習慣が長寿に貢献した、なども考えられます。

さらに、男性ホルモンは男性にとって本来は必要なものですので、これが減少することによる別の影響も考慮する必要があります。先にお話ししたように、この研究では、男性ホルモンを多く分泌する思春期を迎える前に去勢手術を行った宦官を調査対象としています。一般的な男性は、分泌された男性ホルモンを利用して生きているため、更年期を迎えて男性ホルモンの分泌が減少すると、興味や意欲の喪失、集中力や記憶力の低下、筋力や骨が弱くなるなどの男性更年期障害が生じることが知られています。さらに男性ホルモンには、突然死の主原因である不整脈を抑える働きなどもあり、安易に男性ホルモンを悪者とすることは避けるべきです。

基礎代謝の男女差

男性よりも女性の方が長生きである理由には、その他基礎代謝の違いがあるのではないかとも考えられています。

基礎代謝とは、覚醒している状態で生命活動を維持するために最低限必要なエネルギーのことです。一日の活動において消費されるエネルギーのおよそ60％は、基礎代謝によるものといわれています。この基礎代謝は、一般的に女性よりも男性の方が高く、男女ともに加齢にしたがって下がっていきます。若い頃は痩せていたのに、年齢とともにダイエットが必要になってきた、そしてダイエットの効果がなかなかあらわれない……私は基礎代謝の衰えを実感している一人です。

基礎代謝が下がると、太りやすくなったり、基礎体温が低下して免疫力の低下につながったりすることもあるので、一般的な健康指導としては、基礎代謝を上げることが推奨されています。

体内で一番多くエネルギーを消費しているのは骨格筋ですので、基礎代謝は筋肉量と強く関係しています。基礎代謝を上げるには筋肉量を増やすことが効果的であり、男性は女性よりも筋肉量が多いため、基礎代謝が高いと考えられています。

男性の方が筋肉量が多いのは、男性ホルモンが筋肉の肥大を促す働きをもっているからです。男性ホルモン量の少ない女性は、男性に比べると筋肉が発達しにくいため、その分基礎代謝も低いというわけですね。

女性は飢餓に強い？

ここまでの話から考えると、ならば男性の方が長生きできるんじゃないのかと想像したくもなります。確かに日常生活においては、健康のことを考えると基礎代謝が高い方が良いように思えますが、ある研究報告によれば非常時においては必ずしもそうではないようです。

江戸時代後期の1833年から1839年頃（天保4年から10年）、江戸三大飢餓のひとつともいわれている天保の大飢饉が起きました。飢饉の主な理由は、大雨による洪水や冷害による大凶作と考えられており、当時の日本の人口減少にも大きく影響したといわれています。

岐阜県飛騨《ひだ》地方の寺に残されている、この時代の死亡記録を調査した研究(11)からは、飢餓の影響により人口が10％程度減少したこと、乳児の死亡率が高く、人口の増加はゆっくりであったことなどがわかっています。

この研究で特に注目すべきことは、女性よりも男性の死亡率の方が高かったということです。飢饉が起きる以前の1800～1851年の間の死亡率は、男女でほぼ均等でした。しかし、飢餓のピークを迎えた1837年では、全体の死亡者に対して男性が占める割合は54・8％、対して女性は45・2％でした。

このような論文は、あくまでも飢餓や疫病流行時において男女の死亡率が異なる事実を明らかにしたもので、その生物学的な理由を証明するものではありません。ですが、事故や災害時などでは、食べ物や飲み物が得られず、何日も飢えの状態で耐えなければならないことが想定され、そのような非常時では、基礎代謝の低さが命を救う可能性が高いと考えられています。基礎代謝が低いと生命活動を維持するために必要なエネルギーも少なくて済みますので、エネルギー補給できない状態が続いても生き延びる可能性が高くなるのかもしれません。

過酷な状況下での乳幼児の男女差

非常時には女性の生存率が高くなる。これは、日本だけでなく、世界的にも同様の傾向が見られています。

飢饉や疫病の流行時における人口動態を調べた研究報告は多数あるのですが、2018年に、これら過去の報告をまとめて解析した論文が発表されました(12)。この論文では、過去に報告された7つの論文のデータを使って比較解析を行っています。対象となったのはアフリカ西部のリベリア[*4]（1820－1843年）、カリブ海のトリニダード・トバゴ[*5]（1813－1816年）、旧ソ連体制下時代のウクライナ[*6]（1933年）、スウェーデン[*7]（1773年）、アイスランド[*8]（1846年と1882年）、アイルランド[*9]（1845－1849年）の6地域で、植民地化による奴隷支配、飢饉、疫病の流行などの7つの事例における男女の生存率を比較しています。調査対象となった7つの事例はいずれも非常に深刻なもので、その死亡率の高さには大変胸が痛みます。

＊4　1820年アメリカで制定されたミズーリ協定（奴隷制に関する取り決め）の影響で、アフリカから連れてこられた奴隷の一部がアフリカへ戻り、1847年にアフリカ最初の独立国家としてリベリアを建国した。しかし、建国に至るまでの過酷な船旅、食糧不足や疫病の流行などにより、人類史上最悪といわれる高死亡率状態が1820－1843年まで続いた。1820年におけるリベリアの死亡率は約43％であった。

＊5　植民地としてスペイン、フランス、イギリスなどの支配下に長くあった。プランテーションにアフリカからの黒人奴隷が導入され、イギリスの支配下であった1813－1816年の黒人奴隷の年齢や死亡率などについて詳細な記録が残されている。

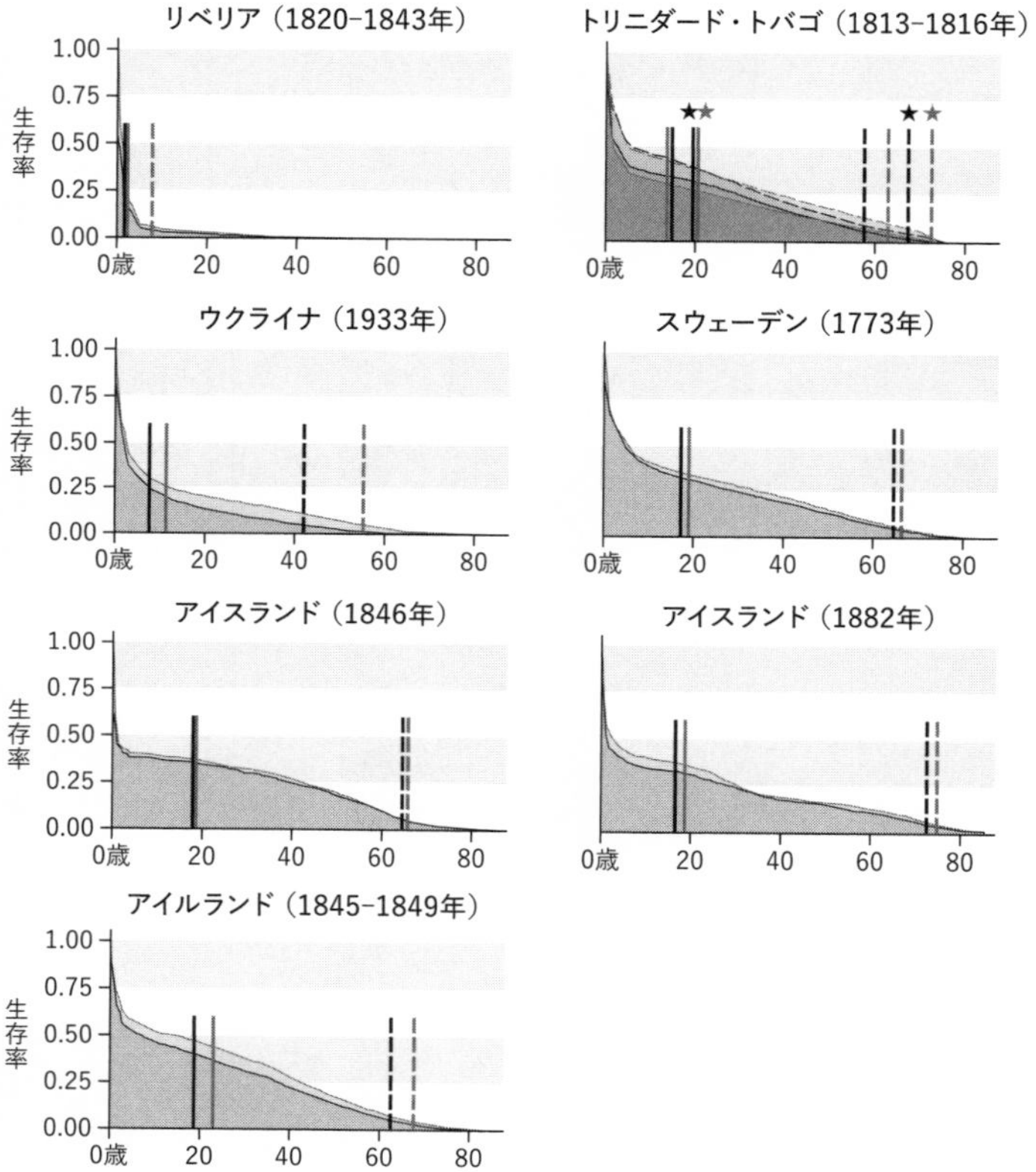

図5-2　6地域における7つの事例（飢饉、疫病の流行など）での男女の生存率

黒い線は男性、グレーの線は女性。グレーの網掛けは生存曲線、縦の実線は平均余命、縦の破線は人口の5%が生存できる年齢。星印は推定された上限を示す。トリニダード・トバゴ以外は、女性の生存率の方が男性よりも高い。

参考文献(12)（https://www.pnas.org/doi/full/10.1073/pnas.1701535115）Fig.1を参考に作成。

この研究では、死亡率が非常に高かったときでも、女性は男性よりも平均して長生きしたことがわかりました。図5 - 2を見てください。トリニダード・トバゴ以外は、女性の生存率の方が高いことがわかります。

この研究では、生存率に男女差が生まれた要因のひとつとして、乳幼児の死亡率の違いを挙げています。過酷な状況下では、女の子の乳幼児の方が男の子の乳幼児よりも、より生き残りやすいのではないかということです。

＊6　1932‐1933年にかけて、ウクライナでは「ホロドモール」（ウクライナ語で「ホロド」は飢饉、「モール」は疫病や絶滅を意味する）とよばれる歴史的大飢饉が起きた。ソ連のスターリン政権による計画的な飢餓、あるいは不作為による人為的な要因による飢餓の可能性が指摘されている。

＊7　1772‐1773年に異常気象などによる作物の不作により、スウェーデンで大規模な飢饉が起きた。さらに赤痢が蔓延し死亡率が上昇した。

＊8　アイスランドでは1846年と1882年に、麻しん（はしか）の大流行により多数の死者が出た。

＊9　イギリスの植民地支配を受けていたアイルランドにおいて、貧農階級の主食であったジャガイモの疫病が流行し大凶作となり、1845‐1849年に飢饉となった。この飢饉により、アイルランドの人口は激減した。

通院率の高い女性、健診率の高い男性

また、男性よりも女性の方が、健康に対する意識が高いことが、長寿につながっているのではないかという説もあります。男性より女性の方が医療機関を受診する頻度が高い、女性の方が食事などの栄養バランスに注意したり、健康と美容に関連して健康食品などを積極的に取り入れる傾向がある、アルコールの摂取量が少ない、月経周期による体調変化があることから自身の健康に気を遣う習慣が身につきやすい、などです。

本当に男性よりも、女性の方が健康に対する意識が高いのでしょうか？

まずは、通院者率について見てみましょう（図5-3［1］）。厚生労働省が公開している国民生活基礎調査の概況(13)のうち、大規模調査が行われた5年分（2010年から3年ごとに2022年まで）の、傷病などで通院している者の通院者率[*10]を男女別に見てみると、どの年も男性に比べて女性の割合が高くなっています。その差は大きなものではないですが、どの年においても一貫して女性の方の割合が高く、通院者は女性の方が多い傾向がわかります。また、通院者率は世代によって違いがあることが

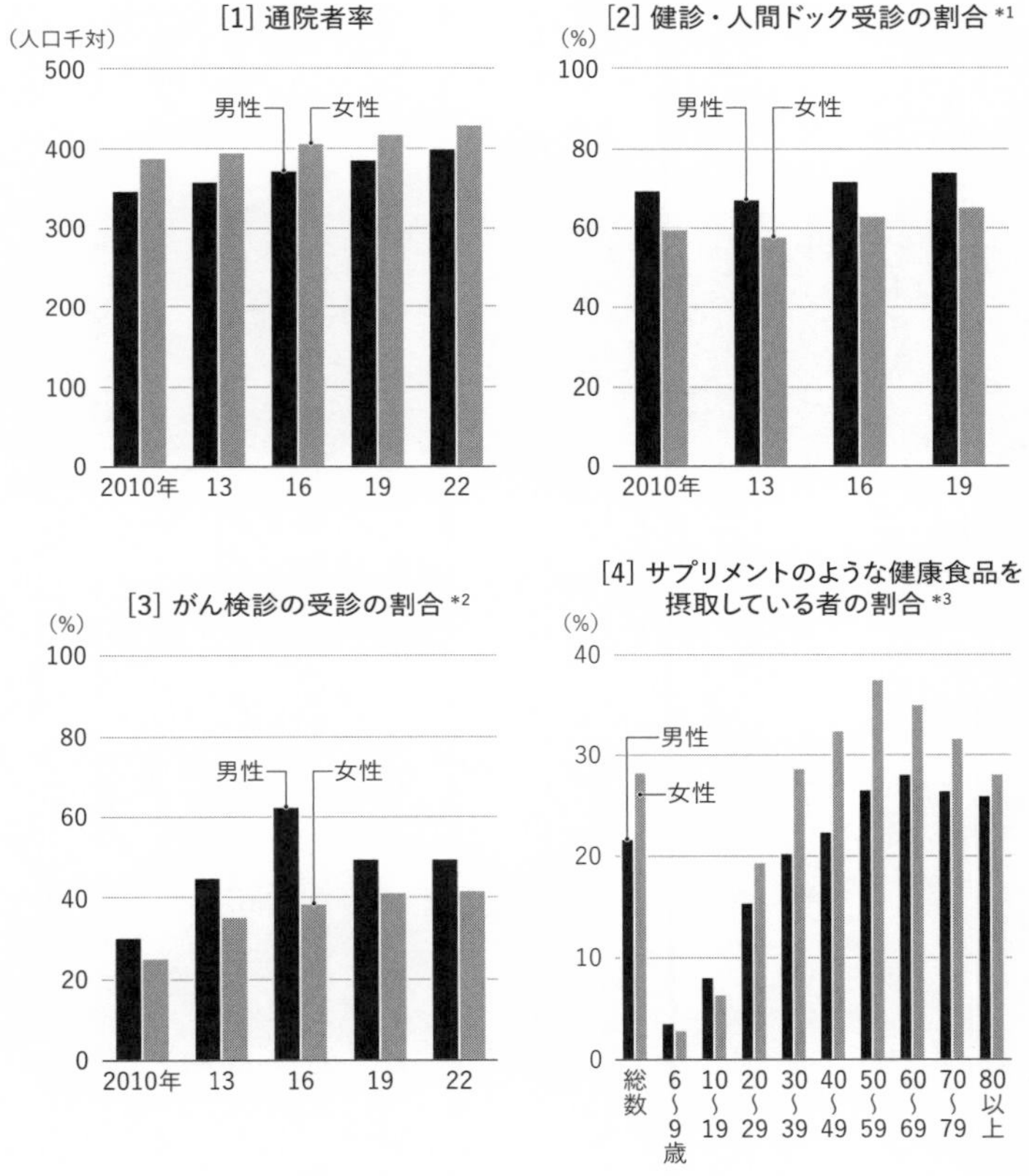

図 5-3　通院者率、検診などの受診者の割合

厚生労働省が公開している国民基礎調査の概況（https://www.mhlw.go.jp/toukei/list/20-21kekka.html）を基に集計した。いずれも入院者は含まない。
*1：20歳以上で過去1年間に受診した者の率。
*2：40-69歳の胃がん、肺がん、大腸がん検診の受診者の平均。
*3：2019年の調査データのみ。6歳以上。

考えられますが、実際に公開されている厚生労働省の資料では、10歳ごとに年齢を区切った通院率も掲載されており、それによるとほとんどの世代で女性の通院率が高くなっています。

一方で、健康診断や健康調査などの健診や、人間ドックの受診の割合（図5-3［2］）や、がん検診の受診の割合（図5-3［3］）を見てみると、その傾向は逆転し、女性よりも男性の方が受診の割合が高くなります。がん検診については、男女共通のがんのみ（胃がん、肺がん、大腸がん）の受診者率を示していますが、子宮（頸）がんなどの女性特有のがん、乳がんについての受診者率も、平均すると43％程度であり、決して高くありません。ですので、これらの調査データを見ますと、女性の方が長生きであるという事実とはつながらないように思われます。

健診や人間ドック、がん検診の受診者率が女性で低くなる理由としては、これらの受診が義務付けられていないパートタイム労働者などにおける女性の割合が多い、家事や子育てが忙しく検診の時間をつくることが難しい、などの社会的な要因が考えられています。

サプリメントのような健康食品の摂取状況を見てみましょう（図5-3［4］）。2

019年の調査データのみですので、一貫して見られる傾向なのかはわかりません。しかし、6～19歳までの年代では男性の方の割合が高いのですが、20歳を超えるとその割合は女性の方が高くなります。このことから、健康食品などを自主的にかつ積極的に取り入れる傾向が女性に高いことはいえるかもしれません。

飲酒は男性が多い

飲酒についてはどうでしょうか？

厚生労働省が調査した習慣飲酒者[*11]の割合は、20歳以上のすべての年代で、1989年（平成元年）に男性が51・5％、女性で6・3％でした。2019年（令和元年）、

＊10　人口千人当たりの通院者の割合。
＊11　厚生労働省の国民健康・栄養調査では、習慣飲酒者の定義を「週に3日以上、飲酒日1日あたり清酒換算で1合以上飲酒する人」としている。

つまり30年後の習慣飲酒者の割合は、男性が33・9％、女性は8・8％でした。男女間で比較すると、依然として女性よりも男性の飲酒率が高いことがわかります。しかし、1989年と2019年の間で比較すると、男性では大幅に習慣飲酒者の割合が減少しているのに対し、女性は優位に増加しています。

厚生労働省では、生活習慣病のリスクを高める飲酒量として、1日当たりの純アルコール摂取量を男性で40g以上（中瓶ビール2本分程度）、女性で20g以上、としています。男女で量が異なるのは、欧米人を対象とした研究により、死亡率が上昇するアルコール量が男女で異なる結果が得られており、女性は男性よりも少ない量が適当とされているからです(14、15)。もちろん、アルコールの代謝能力は個人によって異なるため、あくまで基準値ではあります。

この生活習慣病のリスクを高める飲酒量を上回る飲酒者の割合は、2010年（平成22年）で男性が15・3％、女性が8・0％でした。2019年（令和元年）では、男性が14・9％、女性が9・1％で、この場合も男性の飲酒率が高いことに変わりはありません。しかし、経年変化としては、習慣飲酒者の場合と同じく、男性は減少傾向にあるのに対し、女性は増加傾向にあります。

アルコールの摂取量については、男性の方が多く女性に少ない傾向があることは、間違いなさそうです。しかし、近年、女性の飲酒量が増加傾向にあるため、健康や寿命に対する影響が、今後女性の方で変わってくる可能性があるかもしれません。

寿命の要因は複雑？

なぜ女性の方が長生きなのか、これまでに考えられてきたいくつかの要因についてお話ししてきました。男性も女性も、寿命に関係するそれぞれの性の特性を知ることは、自身の健康のために良いことでしょう。ですが、例えば、1種類のホルモンでもその働きはひとつではなく複数あり、その影響も複雑であるため、そのホルモンのとある働きの一部分だけを切り取って比較するのではなく、多面的に考えようとすることが重要です。

また、寿命の男女差を生み出すのは、生物学的な要因に加え、環境や社会的要因など、多くの要因が複雑に相互作用しています。遺伝子やホルモンがもたらす影響を知総合的な理解を深めることが、るだけでなく、私たちをとりまく社会環境もふくめ、長寿の秘訣を解き明かすポイントになりそうです。

第6章

性差か、個人差か

——脳の男女差を考える

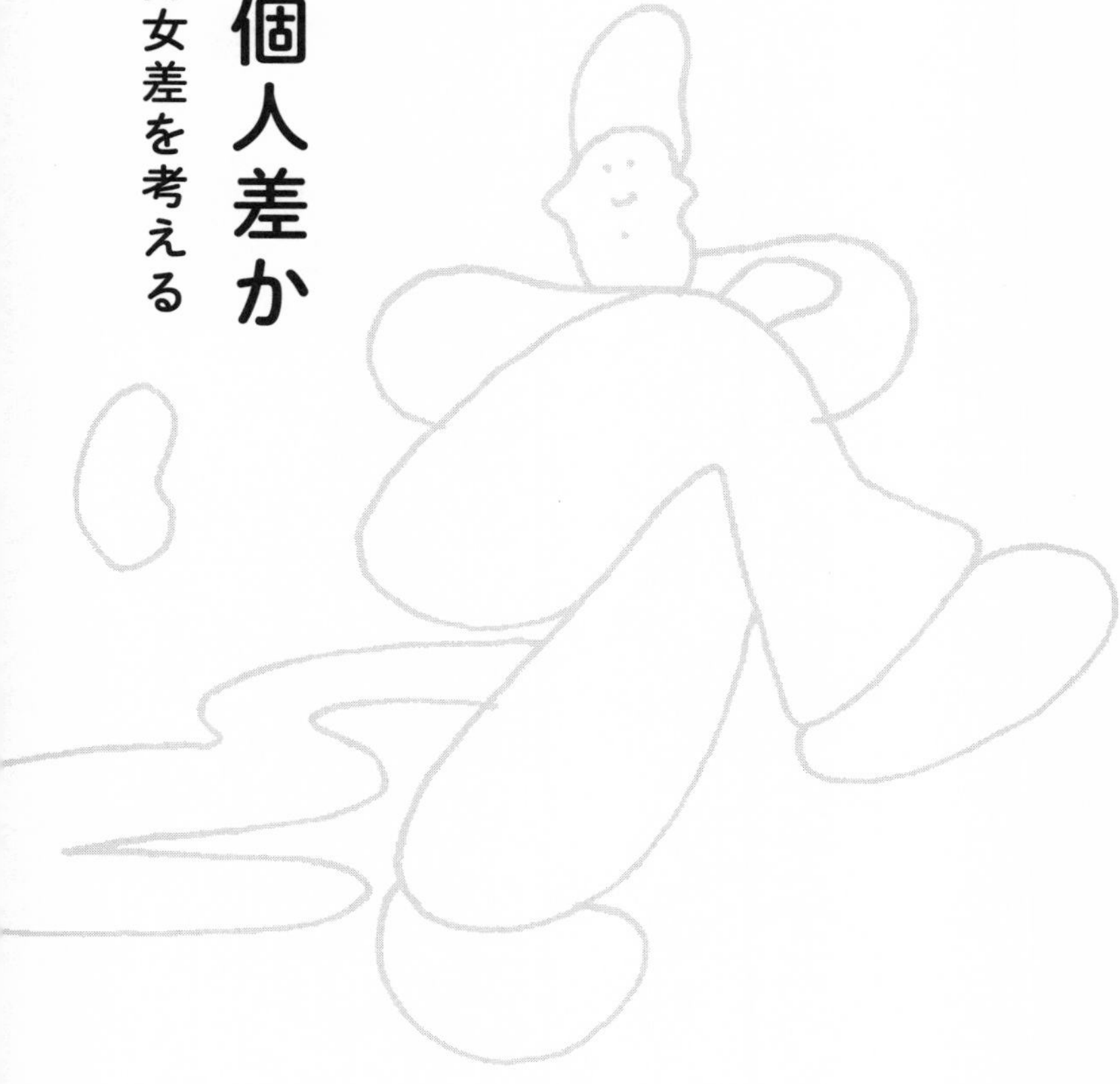

第1章から2章では、遺伝子やホルモン、Y染色体がどのような役割をもち、私たちの性にどのような影響をもたらすのかについてお話ししました。第3章では、生物の性は2種類に限られたものではなく、その在り方は大変柔軟であることを、そして第4章では、私たちの性のバリエーションのお話を中心にご紹介しました。さらに第5章では、性差が私たちにもたらす影響のひとつとして、男女の寿命の違いについてとりあげてきました。

最終章となる第6章では、多くの人の関心事である脳の性差についてお伝えしていきます。

古くから、脳には形や大きさなどに男女間で違いがあり、そのために男女の行動や思考パターン、ストレスへの対処法、社会との関わり方には性差があると考えられてきました。これらの違いは、「男性らしさ」「女性らしさ」として広く認識されている一方で、これらの「括《くく》り」に大なり小なりの違和感を覚える人は多くいるように思います。

私たちの脳には、性差があるのでしょうか？

パンデミックと性差

２０１９年12月、中国の湖北省《フーペイ》東部の武漢《ウーハン》市を発端とし、新型コロナウイルス感染症[*1]が世界中に蔓延しました。日本国内で初めて感染者が確認されたのは、２０２０年1月15日。発症したのは、中国・武漢から帰国した神奈川県の男性でした。

私が住む北海道では、同年1月28日に、初めて新型コロナウイルスの感染者が確認されました。それは、中国・武漢市から北海道に旅行に来ている女性でした。そして、全国に先駆けて、瞬く間に新型コロナウイルスの感染は北海道に広がり、それを受けて、2月には鈴木直道《すずきなおみち》知事が道独自の「緊急事態宣言」を出し、道内は大変緊迫した状態となりました。

その頃、私はリモートで、関東や関西の大学に所属している共同研究者と、新しい研究プロジェクトについてのやり取りをしていました。しかし、共同研究者らからはまったく危機感は感じられず、北海道の緊張状態にはピンときていない様子でした。

＊1　正式には、新型コロナウイルスSARS-CoV-2による急性呼吸器疾患COVID-19。

本州はずいぶんと状況が違うのだなあと驚いたのをよく覚えています。ですがそれも束の間で、新型コロナウイルスはすぐさま日本中に蔓延し、学校は休校、会社はリモートワーク、医療はひっ迫し、マスクは売り切れと、生活は一変しました。人類史上最悪ともいわれるパンデミック（世界的大流行）が私たちを襲ったのです。

パンデミックが訪れ、大学では、あらゆる教育や研究活動がオンラインとなりました。講義も、実習も、学生とのミーティングやディスカッションも、会議も、共同研究者との打ち合わせも、飲み会でさえも、コンピューターのモニター越しにコミュニケーションをとることが当たり前の時間を過ごしました。

大学だけではありません。あらゆる教育の場で、人と人との交流が断たれました。多感な子どもたちや若い学生たちにとってこのパンデミックが、心の健康や学びに多大な影響を与えたことは間違いありません。

そして、「三密《さんみつ》」（密閉・密集・密接）を避け、顔を合わせての交流が失われる中、10代、20代などの若者の自殺者数が増加傾向にあることが社会的に懸念されました。

日本は、世界的にも自殺死亡率が高い国であることが知られています。そして、厚生労働省が発表している自殺の統計(1)を見てみると、パンデミック前の２０１９年

（令和元年）の日本での自殺者数は2万169人で、このうち男性が1万4078人と、自殺者のおよそ7割を占めています。2004年からの統計を見る限りでは、女性よりも男性の自殺者が多い傾向は毎年見られます。

自殺はなぜ男性に多いのでしょうか？

様々な理由が報告されていますが、主には男性がもつ生物学的な特徴と、男性を取り巻く社会背景が影響していると考えられています(2、3)。例えば古くからいわれているのは、問題に直面した際に男性の方が敵対的、攻撃的、衝動的な行動をとる傾向があるというものです。つまり、自殺しようと考えた際に、男性は、確実に死に至る方法を取る傾向があると一般的にいわれており、完遂した自殺が女性より2倍多いなどの男女差があります。

若年女性の自殺の増加

しかし、コロナ禍を迎え、自殺の増加率が若年女性で特に顕著であるということが報告されました。横浜市立大学附属病院と慶應義塾大学医学部の共同研究グループは、厚生労働省が発表した死亡統計データを用いて、10年間の自殺データに関して解析を行い、コロナ禍においては、10－24歳の女児・女性に関して顕著に自殺数が増加していることを確認しました(4)（図6－1）。若年女性で顕著に自殺が増加しているのは、社会的基盤が弱い女性が失業等による経済的影響を受けやすいことが予想されています。

女性の社会進出が叫ばれて久しいですが、男女格差の現状を国別にデータ化したジェンダー・ギャップ指数[*2]２０２３年の日本のランクは、世界１４６カ国中１２５位で、特に政治分野、経済分野での男女格差が顕著でした。こういった日本の社会的な背景が、コロナ禍の若年女性の自殺率増加を生み出してしまったのかもしれません。

さらに研究グループは、就業年齢以下である10代前半の女児・女性においても自殺が増加していることから、「周囲の人との関係性を重んじる女児・女性の方が、コロナ禍により他人との接触が減少したことにより精神的影響を受けている可能性がある」と推察しています(5)。また、女児・女性は家庭内暴力・虐待の対象になりやすいことも指摘されており、コロナ禍では自宅の滞在時間が長くなったことなどにより、

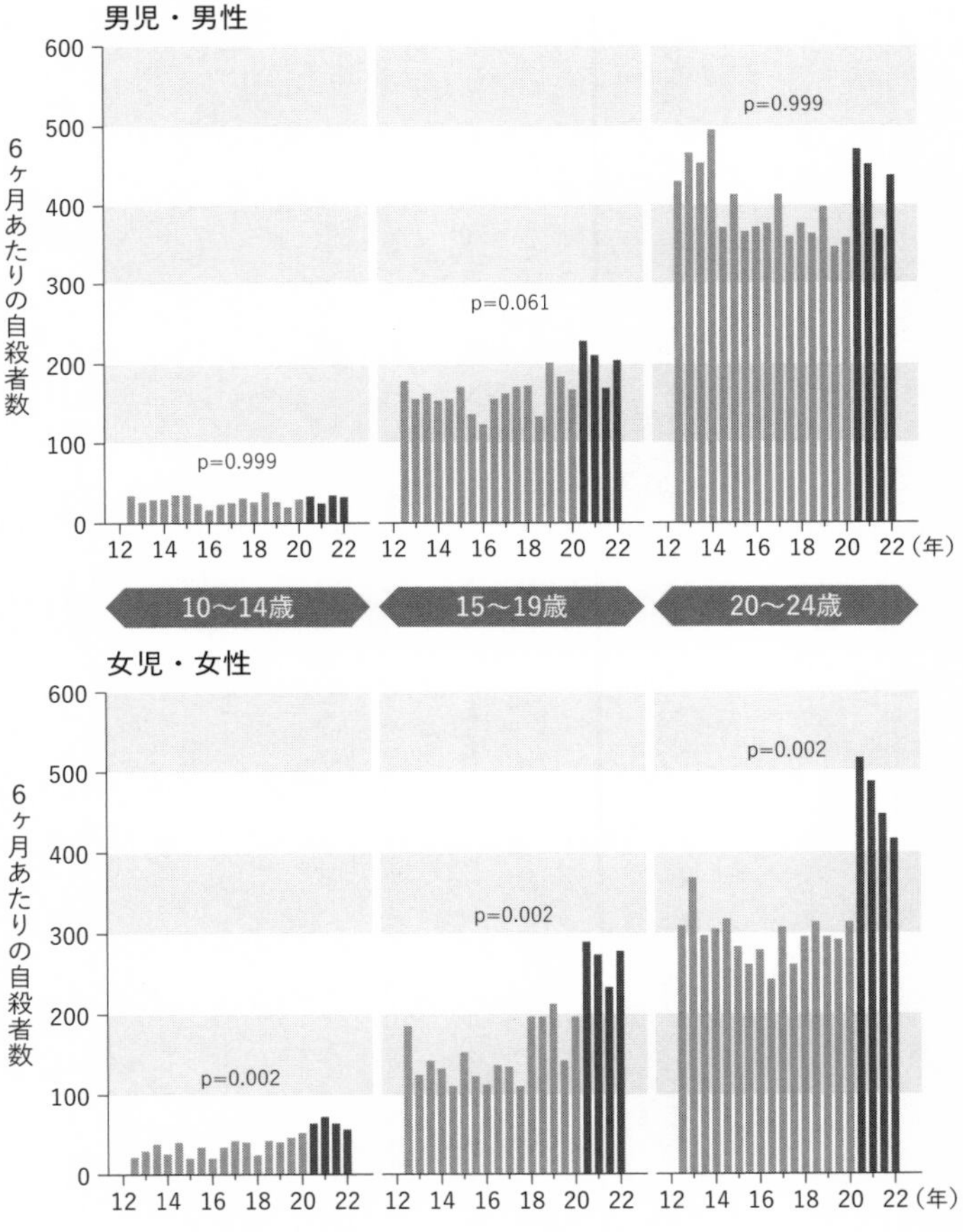

図6-1　日本における自殺による死亡者数

薄いグレーはコロナ禍前の2012年7月から2020年6月、濃いグレーはコロナ禍後の2020年7月から2022年6月の、自殺による死亡者数を示している。

参考文献(4)（https://doi.org/10.1016/S2215-0366(23)00159-1）を参考に作成。

その影響が顕在化した可能性も考えられています。

ストレスとの付き合い方

同じトラブルを経験しても、精神的な負担や、身体、健康に及ぼす影響の度合いは、人によって異なります。これは、受けたストレスを効果的に低減できるかが、その人のおかれた状況や資質によって異なるからだと考えられています。ストレスを感じた際に、うまく対処しようとする行動をストレスコーピングといい、ストレスへの対処方法にも男女差があるといわれています。

２００４年から２０１４年にかけて、ストレスの対処行動と男女差について、日本で大規模な調査が行われています(6)。この研究では、35歳から69歳の日本人男女７万９５８０人に対して、ストレスの自覚とその対処方法を調査しています。

対象者にはアンケートを実施し、得られた回答をもとに統計解析が行われました。アンケートの項目として、ストレスの自覚については、最近1年間においてストレスを「まったく感じなかった」「あまり感じなかった」「多少感じた」「おおいに感じた」の4段階で回答を得ています。また、ストレスへの対処方法については、「感情に表わす」「精神的なサポートを求める」「肯定的に解釈する」「積極的に問題を解決する」「なりゆきに任せる」の5項目について、その方法を取る頻度を4段階（「ほとんど行わない」「たまに行う」「よく行う」「非常によく行う」）で選択を求めています。

ストレスへの対処方法とストレスの自覚について調査した結果、対処行動とその実施頻度は、男女間でほぼ同じであることがわかりました。しかし、精神的なサポートを求める対処方法については男女間で差が見られ、女性ではおよそ8割が「たまに」以上の頻度で精神的なサポートを求めるのに対し、男性では半数以上が「ほとんどない」と回答しました。また、ストレスの自覚については、「おおいに感じた」と回答する割合が若干女性に大きかったものの、傾向としては男女間で似ていることがわかりました。

さらに、およそ8・5年間の追跡調査により、1861人（女性645人、男性1

＊2　経済、教育、健康、政治の4つの分野のデータからなる指数。世界経済フォーラムが報告している。

２１６人）が亡くなり、ストレスへの対処方法と全死亡数の関係を調査しています。[3] 女性においては、「感情に表わす」「精神的なサポートを求める」「なりゆきに任せる」方法を「たまに行う」女性は、「ほとんど行わない」女性よりも全死亡リスクが約20%低いことが示されました。

男性では、「感情に表わす」を「たまに行う」男性や、「肯定的に解釈する」、「積極的に問題を解決する」を「たまに／よく／非常によく行う」男性では、全死亡リスク[4]が15－41%低いことがわかりました。このような日本における大規模な調査から、ストレスへの対処行動と全死亡リスクには関連が見られ、さらに男女差が存在することが示唆されています。

「男性脳」vs「女性脳」

社会との関わり方や、行動、思考パターンなどには男女差があると、古くからいわれてきましたし、実際にこれらを裏付ける研究報告も存在しています。これらの性差は、男女の脳に違いがあるためだと考えられてきました。

1999年に発行された“Why Men Don't Listen and Women Can't Read Maps”『話を聞かない男、地図が読めない女』（藤井留美訳、主婦の友社）は、世界的な大ベストセラーとなりました。アラン・ピーズとバーバラ・ピーズ夫妻が手がけたこの著書は、実体験やユーモアがたっぷりと盛り込まれ、日本でも大変な話題となりました。日本語版の本の表紙には、副題として「男脳・女脳が「謎」を解く」とあります。

この著書をきっかけに、とまではいえないかもしれませんが、「男性脳」と「女性脳」という捉え方は一般社会にも浸透してきました。女性の「共感指向」に対し、男性の「解決指向」もよく耳にします。相談をした際に、女性は相談相手に話を聞いてもらって共感して欲しいのに対し、男性は具体的な解決の提案を求める、というようなことです。このように、脳に関しては男女間で対比した扱いがされてきました。

＊3　全ての要因による死亡のこと。
＊4　ただし追跡期間によって異なる。

脳に性差はあるのか？

実際に私たちの脳に、男女差はあるのでしょうか？

脳を起因とした疾患や行動、認知機能には性差が見られます。疾患の例としては、男性に発症リスクが高いものとしては、ＡＤＨＤ（注意欠如・多動性障害）、自閉症、失読症、吃音《きつおん》（どもり）、トゥレット症[*5]、若年性統合失調症などがあります(7)。女性に発症リスクが高いものとしては、拒食症、過食症、遅発性統合失調症、心的外傷後ストレス障害（ＰＴＳＤ）、不安障害、うつ病などです。

また、行動や認知機能においては、古くから攻撃性やリスクテイク[*6]、メンタルローテーション[*7]、顔表情認知[*8]などに性差があると知られてきました(8-13)。これら疾患や脳機能に性差が見られることから、脳の組織において何らかの性差が存在するのであろうと考えられてきました。

男女の脳の違いを明らかにしようとする研究は、古典的な解剖学的研究や実験動物を用いた研究など古くから行われてきています。こういった研究から、以前は脳の形や大きさに男女で違いがあると考えられていました。また、ある特定の神経核[*9]や脳の領域は、形や大きさなどが男女間で異なると捉えられていたのです。

例えば、右脳と左脳をつなぐ脳梁《のうりょう》という部分について、男性よりも女性のほうが太いということは、脳の研究分野では広く知られていました。しかし、これは今から40年以上も前の1982年に、男性9人、女性5人という限られた数の解剖データを基に報告されたもので(14)、現在では否定されています。

性染色体と脳の関係

そもそも脳の形態を解剖学的に研究するためには、検体として提供された脳を調べ

＊5　自分の意思とは関係なく、体のどこかが突然繰り返し動いてしまう「チック」とよばれる症状が複雑に現れる病気のこと。
＊6　危険（リスク）を承知で行動すること。
＊7　心の中に思い浮かべたイメージを回転変換する認知的機能のこと。
＊8　他者の顔の表情から情動を認識・処理すること。
＊9　神経細胞が塊状に集まっている場所。

る方法が主流であることから、解析できる数には限りがあります。また、死後から時間が経っており脳に何らかの変化が起きている可能性や、救命や延命のための処置により予想もしない変化が生じた可能性も考えられます。そのため、観察結果に偏りが生じてしまう可能性が否定できないのです。

しかし、解析技術の発展とともに、生きたまま脳の状態を調べることが可能になってきました。その革新的な技術のひとつ、ＭＲＩ（核磁気共鳴画像法）は、生体内部の情報を画像にする方法です。現在は、主に臨床医療の現場で利用されており、この方法の発見に貢献したアメリカの化学者ポール・ラウターバー博士とイギリスの物理学者ピーター・マンスフィールド博士は、２００３年にノーベル生理学・医学賞を受賞しています。

そしてＭＲＩは、脳の性差に関する研究にも活用されています。

アメリカ国立精神衛生研究所のグループは、膨大な数の脳のＭＲＩ画像が登録されているデータベースを利用して、１０００名以上のデータを基に様々な脳領域における灰白質[*10]の量を男女で比較し、男女のどちらかに灰白質の量が多いと思われるいくつかの領域を見つけました[15]。さらに、性差があると思われた領域の細胞で働く遺伝子の多くは、X染色体やY染色体の遺伝子であることが確認されたのです。つまり、少なくとも部分的には脳の大きさに性差があり、その差は性染色体の遺伝子の働きによってつくられているのかもしれない、ということです。

ただし、これらの遺伝子の働きが私たちにどのような性差をもたらしているのか、具体的な機能などについては明らかになっていません。

性差よりも個人差が大きい

もって生まれた性染色体と遺伝子によって、脳の特徴が決まることもあるのかもしれません。しかし、脳は性差よりも個人差の方が大きいとも考えられています。

東京大学大学院総合文化研究科の四本裕子《よつもとゆうこ》教授によると、脳には性差をはるかに上回る個人差が存在するとのことです(16)。

＊10　脳などの中枢神経の内部で多数の神経細胞が密集している部分。

「性差」の研究は、簡単にいってしまうと「平均値の違い」を見出す研究、ともいえます。例えば、男性の平均身長と女性の平均身長を比べると、男性の平均身長の方が高いことは、みなさんご存じと思います。これは世界中のどの国でも地域でも、同様の傾向が一貫して示されるので、身長には明確な性差があると考えられています。

しかし、だからといって必ず男性の方が女性よりも背が高いか、というとそうではありません。男性の中には女性の平均身長よりも背が低い人もいるし、女性の中には男性の平均身長よりも背が高い人もいます。このように、私たちがもつ身体の特徴や能力を測定すると、必ずばらつき（個人差）が存在します。つまり、男女間で平均をとって差が出るか、ではなく、その差の違いがどれくらいか、も重要になってきます。

図6-2を見てください。黒い線とグレーの線は、男女のどちらかを示し、ある特徴や能力の測定値の分布を示したものです。左の図は2つのグループ間での平均値に大きな差があります。つまり、個人差もあるが明確な性差を確認できる、というものです。

一方で、右側の図は、グループ間の平均値の差が小さいため、性差よりもはるかに大きな個人差が存在しています。人の脳や能力はこの図のような状態に近く、性差が

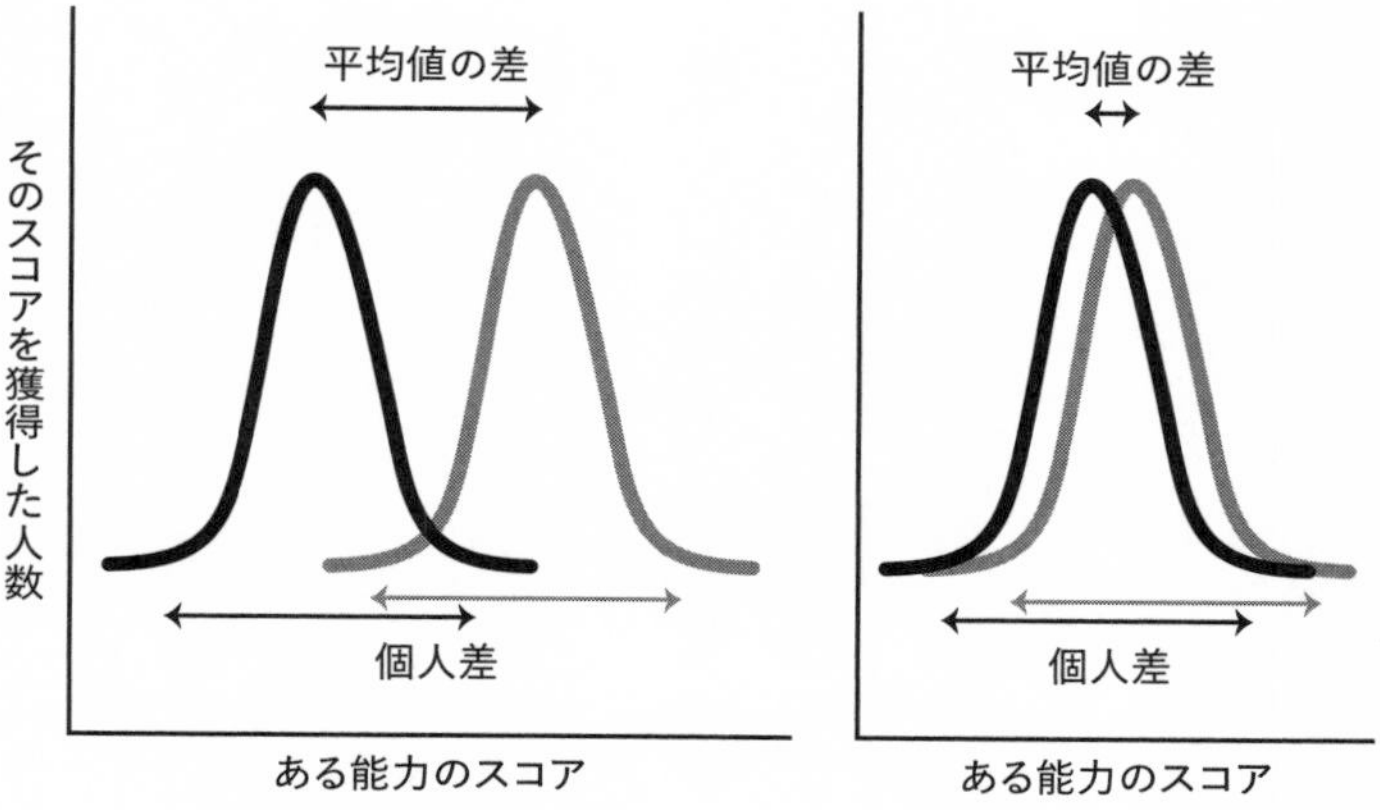

図6-2　性差と個人差の関係

横軸は「ある能力のスコア」、縦軸は「そのスコアを獲得した人数」を示す。黒とグレーの線はそれぞれが男性あるいは女性を示す。左の図は、各性の平均値の差がより大きく、性差が大きいことを意味する。一方で、右の図は平均値の違いがあってもわずかで、性差よりもはるかに大きな個人差が存在する。

あったとしても、男性だからこう、女性だからこう、と決めることはできない、ということです。

ジョエルの「脳モザイク」

2015年、そもそも脳には、大きさや形、働き方に、性別で決まったパターンなどないのだという、革新的な研究が発表されました(17)。

イスラエル・テルアビブ大学

のジョエル・ダフネ博士をはじめとする研究グループは、1400人以上の脳のMRIデータを用いて、まず、男女間で比較し、脳の灰白質の体積に性差が見られる10の領域を同定しました。10の領域の中でも、特に差が見られたのは本能的な行動や記憶に働く左海馬と、学習と記憶のシステムに重要な役割を果たす左尾上核とよばれる領域でしたが、大部分は男女間で重複を示すものでした（図6-3）。つまり、性差は見られるものの、その差は小さく、図6-2の右側の図と類似したパターンを示しています。

そして、各脳領域の測定値を男性側、中間、女性側と、それぞれ段階に分けてプロットしていきます。図6-3は10の脳領域で測定された値を示し、縦軸の1列が1人に対応しています。

解析の結果、ほとんどの男女で灰白質の体積は中間を示しました（図では白の三角印）。さらに、すべての脳領域がどちらか一方に偏った人はたったの2・4％で、多くの人に男性側の値と女性側の値の両者が混在して見られました。つまり、人の脳は男女の特徴が入り交じるモザイク状態だということが明らかになったのです。

この研究成果が報告されると、同じ考えをもつ科学者たちは「脳の性差研究のブレ

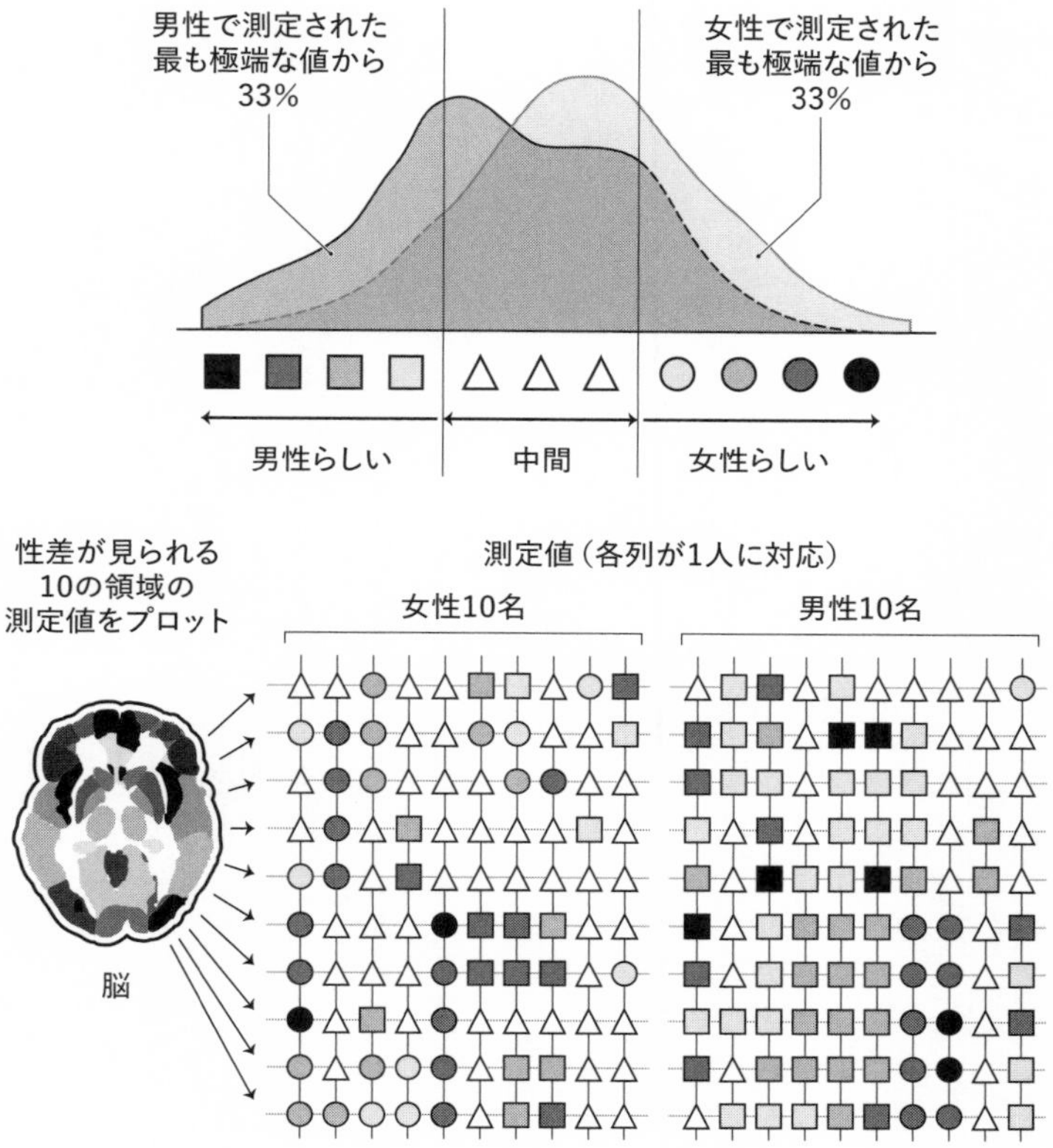

図6-3　脳モザイク

脳の灰白質の体積に性差が見られる10の領域について、1400人以上で測定したうち、女性10名、男性10名の結果を抜粋した。各脳領域の測定値を男性らしい特徴（□）、中間（△）、女性らしい特徴（○）と、それぞれ段階に分けてプロットしている。縦軸の1列が1人に対応している。

論文PNAS. 2015 Dec 15;112(50):15468-73. doi: 10.1073/pnas.1509654112. を参考に作成。

ークスルー」として賞賛し、「脳モザイク」という考え方を強く支持しました。一方で、古典的な性差研究を行ってきた科学者たちは、大きく反発しました。

さらにこの研究は、科学者たちの研究の世界にとどまらず、一般社会にも大きなインパクトを与えました。「脳モザイク」は世界中のメディアに取り上げられ、日本でも度々インターネット記事やテレビの科学番組などで紹介されています。

脳の性差については、今もなお研究が続けられ、議論は続いています。もって生まれた染色体や遺伝子、ホルモン、さらに環境により脳に性差が生みだされることは間違いありません。しかし、その性差を上回るほどの個人差があるということは、大変重要な発見であると思います。

大人になっても脳は変化する

さらに、脳の性差を考える上で、とても重要な知見があります。それは、「脳は変化する」ということです。学習や練習で、能力や技術が向上することはみなさんもよくご存じと思います。学習や練習をすることで、実際に脳の一部が変化することは、多くの研究から明らかになっています(18)。

脳には「臨界期」というものがあります。これは、生後の早い時期の経験により神経回路が柔軟に変化する時期を指します。視覚や言語学習など、私たちの能力に関連するいくつもの脳の領域には臨界期があり、その時期に得た刺激がその人の脳の構造を決めてしまうと考えられてきました。そして、脳内の構造は臨界期を過ぎると変化を停止するのですが、脳の中には、臨界期を過ぎても一生涯変化し続ける領域があることも知られています。例えば、マカクザルの行動実験では、目から入った信号を受け取って処理する視覚野という脳領域の神経細胞が、大人になってからも新しい回路をつくることが明らかになっています(19)。つまり、私たちの脳は、大人になっても絶えず変化できる柔軟性を備えているのです。

また、この臨界期が始まるメカニズム、臨界期を終了させるブレーキとなるメカニズムについても研究が進み、臨界期は年齢などの時期に固定されたものではないこともわかってきています(20)。

ジェンダー・ギャップと脳

そして、社会や教育などの環境が、脳の発達の性差に影響することが報告されており、ジェンダー指数と脳の構造の関連を比較した研究があります。

京都大学医学部附属病院をはじめとする国際研究グループは、29カ国にわたる共同研究により、18－40歳までの健康な男性3798人と女性4078人について脳のMRI画像解析を行いました(21)。そして、ジェンダー・ギャップ指数[*2]およびジェンダー不平等指数[*11]から算出した性別間の不平等の指標を、実験参加者の国ごとに算出し、脳構造との関連を解析しました。その結果、社会的な性差、つまり男女間の不平等が大きい国ほど、右大脳半球の表面で神経細胞が集まっている大脳皮質の厚みが、男性より女性で薄い傾向にあることがわかったのです。逆に、男女間の不平等がない国の実験参加者では、大脳皮質の厚さに男女差は見られませんでした。

さらに、この研究での日本の不平等指数は29カ国中12位で、上位を占めた北欧諸国に比べると、皮質の厚さの男女差が大きかったのです。

大脳皮質は、知覚、随意運動、思考、推理、記憶など、脳のあらゆる高次機能を司る場所です。このような重要な働きをもつ脳の性差は、生まれつきもつ遺伝子や染色体などよりも、生まれた後の生育環境による影響が大きいことをこの研究は示しています。

ニューロセクシズム

「男女の脳は生まれつき構造が異なるので、行動や思考が異なり、得意・不得意がある」という考え方を「ニューロセクシズム」とよびます。第4章でお話ししたバイナリー的な考え方（134－136ページ）のひとつであり、科学的な根拠が乏しいにもかかわらず、いまもなお、私たちの社会に根深く定着しているように思います。

ニューロセクシズムの大きな問題点は、その差や違いは生得的なものなので変える

＊11　リプロダクティブ・ヘルス（性と生殖に関する健康）、エンパワーメント、労働市場への参加の3つの側面からなる指数。国連開発計画が報告している。

ことはできない、とステレオタイプ的に思い込ませてしまうことです。この章では、脳は教育や環境で変化し得るものだとお話ししてきましたが、ニューロセクシズム的な考えでは、こういった性質を一切無視して、個人の能力を固定観念で判断されてしまいます。「男性は理系」「女性は文系」にはじまり、本来は平等に与えられるべき教育や就業の機会が、ジェンダーを理由に妨げられている現実があります。

こういったバイナリー的な考え方が無意識のうちに働いて、周囲も本人も気づかない、という現状が多々あるように思います。例えば、「男性だから」「女性だから」と選択的に与えられた教育や経験により培われた「男性的」「女性的」とされる能力や行動が、あたかも生得的なもののようにすり替えられてしまいます。

さらに、本当は個人の努力や能力によって達成されたことが、「男性だからできた」「女性だからできた」と、個人の努力や能力を過小評価されてしまうこともあります。つまり、個人としての多様性を軽視し、その可能性を潰してしまいかねないのです。

アンコンシャス・バイアス

そこで、個人がもつ能力や可能性を最大限に引き出せるように、アンコンシャス・バイアスへの気づきが注目されています。

アンコンシャス・バイアスとは、２００２年にノーベル経済学賞を受賞した行動経済学の先駆者として知られ、アメリカのプリンストン大学名誉教授であったダニエル・カーネマンによって提唱された概念で、「無意識の思い込み」や「自身で気づいていない偏ったものの見方」のことです。

アンコンシャス・バイアスは誰もがもっていて、私たちの日常に溢れています。アンコンシャス・バイアスそのものが悪いというわけではなく、自身の経験や知識を基に仮説をたてて迅速に行動を起こすことにもつながるので、合理的で良い面もあります。

私たちの脳には日々、膨大な情報が入ってきますので、素早く処理する必要があります。そのため、経験や知識をもとに「こうであろう」という「近道」を使って日常生活を送っています。ただし、「近道」は便利ですが、しばしば不正確な判断となってしまいます。

身近なアンコンシャス・バイアスの例は挙げるときりがないのですが、例えば「家事・育児は女性がやるもの」「力仕事は男性がやるもの」「女性は気がきく」「男性は頼り甲斐がある」などなどです。

私の実体験もたくさんあります。例えば、大学の研究室に、とある試薬メーカーの営業担当者が訪ねてきた時のことです。私を見るなり「秘書の方ですか?」といわれました。その方にとって、大学の理系の研究室の教授は当然男性であり、「黒岩教授」はその苗字からもおそらくゴツくて貫禄のある男性教授を想像したに違いありません。そして、女性が教授であるとは夢にも思わなかったのでしょう。

アンコンシャス・バイアスは自然に培われていくものなので、アンコンシャス・バイアスが生まれること自体を避けることはできないのですが、気づかずにいると、周りの人に悪影響を及ぼしたり、さらには自分自身の選択肢や可能性をも狭めてしまうといった弊害が出てくるかもしれません。自分もアンコンシャス・バイアスをもっていると「気づく」ことが重要なのです。

最近ではアンコンシャス・バイアス研修が行われる企業が増えるなど、社会的にも注目を集めています。ジェンダーにとらわれず、個人の能力や特性が十分に発揮される社会を目指して、国や行政機関、民間企業や地方自治体などでもアンコンシャス・バイアスの気づきへの取り組みが行われています。

実際に、大学の学長や理事などの役員を対象とした、ジェンダーバイアスについての啓蒙セミナーや勉強会を行ってくれないかと、複数の大学から依頼を受けたことがありますが。私の専門はY染色体や遺伝子を対象とした科学研究ですので丁重にお断りするのですが、組織の執行部で活躍するような重要なポジションに就く世代にとって、長年培われたバイアスに気づくことは大変重要なことではないでしょうか。

ジェンダーレスとY染色体

私が専門とするY染色体の研究について、メディアから取材を受けることがしばしばあるのですが、これまでに特に多かったのはこんな質問です。

「最近の男性の女性化は、Y染色体の退化の影響なのでしょうか?」

質問の文言は、その時々の流行によって変遷があります。少し前でしたら「草食系男子ではY染色体が退化しているのでしょうか?」でした。これが時代とともに「ジェンダーレス男子」や「メイク男子」に置き換わり、男性のファッションの変化や、恋愛観・結婚観の変化までもが、「Y染色体の退化と関係があるの?」とみなさん疑問に思うようです。

これらの質問に対する正確な答えは、「Y染色体の退化との関連を裏付けるデータがないのでわからない」です。例えばですが、ジェンダーレス男子とよばれる男性のY染色体の大きさや遺伝子の数をカウントしたような研究報告はありません。ですので「わからない」が正しい答えなのですが、これだけでは満足してもらえないので、「単なる私の予想ではあるのですが」と前置きをつけて「関係ないのでは?」と答えています。

第2章でお話ししたように、Y染色体の退化(遺伝子を失っていく進化)は、長い時間のスケールでおきます。「草食系男子」という言葉が世に出たのは2006年頃といわれており、10年、20年といった短い時間のスケールで、急に日本人男性に限定的にY染色体退化の影響が出た、とは考えにくいのです。

私たちの脳が、もって生まれた染色体や遺伝子、ホルモンなどの影響を受けていることは間違いありません。しかしこの章でお話ししたように、これらによってつくられる性差を上回るほどの個人差が脳にはあります。また、脳は環境によって変化していくものだとご紹介しました。ですので、Y染色体が退化（進化）しているためというよりは、時代の流れに応じて変化する脳が、これまでの固定観念的な性にとらわれない個人の表現方法や価値観を生み出していることの表れではないでしょうか。

おわりに

それは私が大学院生の頃のことです。

2002年、『Nature』という世界的に有名な科学雑誌に、「The future of sex（性の未来）」と題された論文が掲載されました。たった1ページの短い論文でしたが、その内容は大変ショッキングなものでした。

現代を生きる男性の精子が機能的に劣化し、絶望的な窮地に晒《さら》されている。こうした精子の機能不全には、精子への酸化ストレスと、Y染色体の退化が関係しているのではないか？

水面《みなも》に石が投げ込まれたかのごとく、この論文の発表後、多くの波紋が広がっていきました。世界中の研究者がY染色体の進化について議論を交わし、そして日本を含む各国のメディアにより、Y染色体がいつか消えゆく運命にあると、「Y」の悲劇と男性の惨状がこぞって報道されました。

この論文の著者の一人は、オーストラリア国立大学（当時）のジェニファー・グレイブス博士です。本書でお話ししたように、私はグレイブス博士の大胆な発想に影響を受けた一人であり、Y染色体消失と男性の運命に迫るべく、Y染色体の研究に人生を費やしてきました。

この論文が発表されてから20年以上もの年月が経ち、科学技術の進歩とともに、当時はわからなかった発見がなされてきました。私自身の研究も、そのうちのひとつと自負しています。一方で、20年以上経ってもなお、未だ解明に至らないことも多く残されています。Y染色体の謎は深まるばかり。みなさんにも、色褪せないその魅力の虜になっていただければとの一心で執筆しました。

これまでに繰り返しお伝えしてきたように、染色体や遺伝子、ホルモンなどの働きから、私たちに生物学的な性差があることは間違いありません。ですが、研究者としてこれらの働きや性差がつくり出されていく仕組みを知れば知るほど、「性」の実態は、多くの人がもっているであろう「男女」のイメージとは大きくかけ離れていきました。性差というのは、決して固定的なものではなく、多くのバリエーションをもち、時にはその差を上回る個体差（個性）もあるということ。本書を通じて、「性」とは柔軟で多様なものであることを、知っていただけたのではないでしょうか。

私の著書ではできるだけ最新の研究報告を調べて、科学的根拠（エビデンス）が得られるものをご紹介しています。しかし、科学的なエビデンスがあるから絶対的に正しいものかというと、そうではありません。

科学の発見には、100年経っても200年経っても変わらない真理を見つけた普遍的なものもありますが、ほとんどの科学論文のひとつひとつは、その時得られた事実（ファクト）の一部を切り取ったものに過ぎません。研究が進み、新たな事実が明らかになると、これまでに受け入れられてきた知見が否定されることだって十分にあり得るのです。科学論文とはいえ、あくまでも考え得る根拠のひとつとして捉え、絶対的なものではないということに気をつけてください。

そして、第6章でご紹介した「アンコンシャス・バイアス」は、実は科学者にもあると私は思っています。研究により得られた結果自体は事実です。ですが、その結果の解釈（考察）に、メス（女性）だからこうであろう、オス（男性）だからこうであろうという、科学者さえもが支配されている無意識のバイアスが働いているように思える論文もあるのです。さらに、従来の性差研究は、オスとメスの異なる二型がどのようにつくられていくのか、に焦点が当てられてきました。つまり二項対立型の研究が主流でした。

科学者こそ自身のバイアスに気づき、従来の固定観念にとらわれない発想で研究を進めていく必要があると強く思います。

本文中に引用されている参考文献はほんの一部でして、たったの1ページを書くために何本もの論文に目を通しています。ですので、執筆には本当に時間がかかりました。時間をかけて書き終えた後、もう一度最初から見直して調べ、新しい知見が得られている研究は、再度書き直したりしています。時間が経てば研究は進むので当たり前のことなのですが、調べれば調べるほど新しい研究が発表されるので、終わりのない作業に途方にくれることもありましたが、なんとか書き上げました。

苦労をした一方で、盛んに研究が進められ、世界的にも注目を集めている分野であることを改めて実感しました。この道にたずさわる一《いち》研究者として、数多くの論文に目を通した時間は、誇らしく、また嬉しく思う時間でした。

遅筆な私と根気強く付き合ってくれた、朝日新聞出版書籍編集部の森鈴香さんに、心から感謝します。森さんからお話をいただいた時の嬉しい気持ちが、執筆の原動力となりました。

また、学生たちの面倒をみてくれた吉田郁也先生、そして研究室を切り盛りしてくれた助教の水島秀成さんがいなければ、執筆に打ち込むことはできませんでした。

研究室の学生たちも、いつも忙しい私に気遣い、自立心をもって研究に励んでくれました。日本では、科学研究の水準低下、研究者層の弱体化が懸念されています。先にお話ししたように、従来の固定観念にとらわれない、新しい発想で研究を進めてくれる若い世代の科学者として、みなさんが育ってくれることを願っています。

これまでの著書のあとがきでは、いつも家族をオチに使っていました。二人の息子と、息子たちにY染色体を与えてくれた夫に感謝を述べる、というオチです。

Y染色体が優勢な我が家は、その後、（調べていないのでわからないのですが、おそらく）XX型のイヌを家族に迎えました。X染色体が盛り返したかなと思いきや、最近、（おそらく）XY型のネコが加わりました。

しかし、本書を読んでくれたみなさんなら、そう単純ではないことをおわかりいただけるでしょう。夫や息子たちのY染色体が消えつつあるかもしれないし、私の身体にも息子の、すなわち夫のY染色体が存在しているかもしれない。想像は膨らみます。

何はともあれ、家族の支えによって執筆を終えることができました。

そして最後まで読んでくださったみなさん、どうもありがとうございました。

2024年　春

黒岩　麻里

参考文献

第1章

1. Watson JD & Crick FHC (1953) Molecular Structure of Nucleic Acids: A Structure for Deoxyribose Nucleic Acid. *Nature* 171:737-8
2. Willyard C (2018) New human gene tally reignites debate. *Nature* 558:354-5.
3. Henking H (1891) Untersuchungen über die ersten Entwicklungsvorgänge in den Eiern der Insekten. *Zeit. Für wiss.* Zool. 51:685-736.
4. Stevens NM (1905) *Studies in spermatogenesis with especial reference to the "Accessory Chromosome."* Carnegie Institution of Washington Publication pp1-32, pls. i-vii.
5. Page DC et al (1987) The sex-determining region of the human Y chromosome encodes a finger protein. *Cell* 51:1091-104.
6. Palmer MS et al (1989) Genetic evidence that *ZFY* is not the testis-determining factor. *Nature* 342(6252):937-9.
7. Sinclair AH et al (1990) A gene from the human sex-determining region encodes a protein with homology to a conserved DNA-binding motif. *Nature* 346:240-4.
8. 一般社団法人日本内分泌学会「ホルモンについて」https://www.j-endo.jp/modules/patient/index.php?content_id=3(2024年1月22日閲覧)
9. Shiina H et al (2005) Premature ovarian failure in androgen receptor-deficient mice. *Proc Natl Acad Sci U S A* 103:224-9.
10. Ecker A (1875) Some remarks about a varying character in the hands of human. *Arch Anthropol* 8:68-74.
11. Hiraishi K et al (2012) The second to fourth digit ratio (2D:4D) in a Japanese twin sample: heritability, prenatal hormone transfer, and association with sexual orientation. *Arch Sex Behav* 41:711-24.
12. Zheng Z & Cohn MJ (2011) Developmental basis of sexually dimorphic digit ratios. *Proc Natl Acad Sci U S A* 108:16289-94.
13. Manning JT et al (1998) The ratio of 2nd to 4th digit length: a predictor of sperm numbers and concentrations of testosterone, luteinizing hormone and oestrogen. *Hum Reprod* 13:3000-4.
14. Manning JT & Taylor RP (2001) Second to fourth digit ratio and male ability in sport: implications for sexual selection in humans. *Evol Hum Behav* 22:61-9.
15. Manning JT (2002) *Digit ratio: a pointer to fertility, behavior, and health.* New Brunswick (NJ): Rutgers University Press.
16. Hönekopp J et al (2007) Second to fourth digit length ratio (2D:4D) and adult sex hormone levels: new data and a meta-analytic review. *Psychoneuroendocrinology* 32:313-21.
17. Crewther BT et al (2011) Two emerging concepts for elite athletes: the short-term effects of testosterone and cortisol on the neuromuscular system and the dose-response training

role of these endogenous hormones. *Sports Med* 41:103-23.

18. Coates JM et al (2009) Second-to-fourth digit ratio predicts success among high-frequency financial traders. *Proc Natl Acad Sci U S A* 106:623-8.
19. Manning JT & Fink B (2020) Understanding COVID-19: Digit ratio (2D:4D) and sex differences in national case fatality rates. *Early Hum Dev* 146:105074.
20. Shi Y et al (2020) Host susceptibility to severe COVID-19 and establishment of a host risk score: findings of 487 cases outside *Wuhan. Crit Care* 24:108.
21. Guan W-J et al (2020) Clinical characteristics of coronavirus disease 2019 in China. *N Engl J Med* 382:1708-20.
22. Channappanavar R et al (2017) Sex-based differences in susceptibility to severe acute respiratory syndrome coronavirus infection. *J Immunol* 198:4046-53.
23. Jones AL et al (2020) (Mis-)understanding COVID-19 and digit ratio: Methodological and statistical issues in Manning and Fink (2020). *Early Hum Dev* 148:105095
24. Manning JT & Fink B (2020) Evidence for (mis-)understanding or obfuscation in the COVID-19 and digit ratio relationship? A reply to Jones et al. *Early Hum Dev* 148:105100.
25. Hollier LP et al (2015) Adult digit ratio (2D:4D) is not related to umbilical cord androgen or estrogen concentrations, their ratios or net bioactivity. *Early Hum Dev* 91:111-7.
26. Voracek M et al (2019) Which data to meta-analyze, and how? A specification-curve and multiverse-analysis approach to meta-analysis. *Zeitschrift Für Psychologie* 227:64-82.
27. Wong WI & Hines M (2016) Interpreting digit ratio (2D:4D)–behavior correlations: 2D:4D sex difference, stability, and behavioral correlates and their replicability in young children *Horm Behav* 78:86-94.
28. Hilgard J et al (2019) Null effects of game violence, game difficulty, and 2D:4D digit ratio on aggressive behavior. *Psychol Sci* 30:606-16.
29. Lutchmaya S et al (2004) 2nd to 4th digit ratios, fetal testosterone and estradiol. *Early Hum Dev* 77:23-8.

第 2 章

1. Muller HJ (1918) Genetic variability, twin hybrids and constant hybrids, in a case of balanced lethal factors. *Genetics* 3:422-99.
2. Lahn BT et al (2001) The human Y chromosome, in the light of evolution. *Nat Rev Genet* 2:207-16.
3. Yi H & Norell MA (2015) The burrowing origin of modern snakes. *Sci Adv* 1:e1500743.
4. Graves JAM (2006) Sex chromosome specialization and degeneration in mammals. *Cell* 124:901-14.
5. Gerrard DT & Filatov DA (2005) Positive and negative selection on mammalian Y chromosomes. *Mol Biol Evol* 22:1423-32.

6. 宮戸真美、深見真紀(2019)Y染色体喪失とヒトの性スペクトラム. 実験医学 vol.37, No.9.
7. Forsberg LA et al (2014) Mosaic loss of chromosome Y in peripheral blood is associated with shorter survival and higher risk of cancer. *Nat Genet* 46:624-8.
8. Forsberg LA (2017) Loss of chromosome Y (LOY) in blood cells is associated with increased risk for disease and mortality in aging men. *Hum Genet* 136:657-63.
9. Zhou W et al (2016) Mosaic loss of chromosome Y is associated with common variation near TCL1A. *Nat Genet* 48:563-8.
10. Miyado M & Fukami M (2019) Losing maleness: Somatic Y chromosome loss at every stage of a man's life. *FASEB Bioadv* 1:350-2.
11. Shin T et al (2016) Chromosomal abnormalities in 1354 Japanese patients with azoospermia due to spermatogenic dysfunction. *Int J Urol* 23:188-9.
12. Loftfield E et al (2018) Predictors of mosaic chromosome Y loss and associations with mortality in the UK Biobank. *Sci Rep* 8:12316.
13. Dumanski JP et al (2016) Mosaic loss of chromosome Y in blood is associated with Alzheimer disease. *Am J Hum Genet* 98:1208-19.
14. Wright DJ et al. Genetic variants associated with mosaic Y chromosome loss highlight cell cycle genes and overlap with cancer susceptibility. *Nat Genet* 49: 674-9.
15. Thompson DJ et al (2019) Genetic predisposition to mosaic Y chromosome loss in blood. *Nature* 575:652-7.
16. Sano S et al (2022) Hematopoietic loss of Y chromosome leads to cardiac fibrosis and heart failure mortality. *Science* 377:299-7.
17. Bianchi DW et al (1996) Male fetal progenitor cells persist in maternal blood for as long as 27 years postpartum. *Proc Natl Acad Sci U S A* 93:705-8.
18. Nelson JL (2012) The otherness of self: microchimerism in health and disease. *Trends Immunol* 33:421-7.
19. 早川純子ら(2013)性差医学からみた自己免疫疾患. 日大医学雑誌 72:150-3.
20. Cutolo M & Castagnetta L (1996) Immunomodulatory mechanism mediated be sex hormones in rheumatoid arthritis. *Ann N Y Acad Sci* 784:237-51.
21. Verthelyi D (2001) Sex hormones as immunomodulators in health and disease. *Int Immunopharmacol.* 1:983-93.
22. Artlett CM et al (1998) Identification of fetal DNA and cells in skin lesions from women with systemic sclerosis. *N Engl J Med* 338:1186-91.
23. 高栄哲ら(2004)Y染色体ゲノム配列決定後のAZF—Y染色体AZFcパリンドローム構想を中心として—. 日本生殖内分泌学会雑誌 9:5-10.
24. 国立社会保障・人口問題研究所「出生動向基本調査(結婚と出産に関する全国調査)」https://www.ipss.go.jp/site-ad/index_japanese/shussho-index.html(2024年3月1日閲覧)
25. Levine H et al (2017) Temporal trends in sperm count: a systematic review and meta-regression analysis. *Hum Reprod Update* 23:646-59.
26. Levine H et al (2023) Temporal trends in sperm count: a systematic review and meta-regression analysis of samples collected globally in the 20th and 21st centuries.

Hum Reprod Update 29:157-76.
27. Iwamoto T et al (2007) Semen quality of Asian men. *Reprod Med Biol* 6:185-93.

第3章

1. Takayuki Tashiro T et al (2017) Early trace of life from 3.95 Ga sedimentary rocks in Labrador, Canada. *Nature* 549:516-8.
2. Sonneborn TM (1957) Breeding systems, reproductive methods, and species problems in protozoa. *The Species Problem* 50:155-324.
3. Gliman LC (1954) Occurrence and distribution of mating type varieties in Paramecium caudatum. *J Protozool* 1(Suppl):6.
4. Nakagaki T et al (2000) Maze-solving by an amoeboid organism. *Nature* 407:470.
5. Takahashi K et al (2021) Three sex phenotypes in a haploid algal species give insights into the evolutionary transition to a self-compatible mating system. *Evolution* 75:2984-93.
6. Otter KA et al (2020) Continent-wide shifts in song dialects of white-throated sparrows. *Curr Biol* 30:3231-5.
7. Tuttle EM (2003) Alternative reproductive strategies in the white-throated sparrow: behavioral and genetic evidence. *Behav Ecol* 14:425-32.
8. Tuttle EM et al (2016) Divergence and functional degradation of a sex chromosome-like supergene. *Curr Biol* 26:344-50.
9. Lamichhaney S et al (2016) Structural genomic changes underlie alternative reproductive strategies in the ruff (Philomachus pugnax). *Nat Genet* 48:84-8.
10. Küpper C et al (2016) A supergene determines highly divergent male reproductive morphs in the ruff. *Nat Genet* 48:79-83.
11. 小林 靖尚(2005)雄から雌、雌から雄へと両方向に性転換する魚 オキナワベニハゼ―Trimma okinawae―. 日本比較内分泌学会ニュース 118:2-6.
12. Ryder OA et al (2021) Facultative Parthenogenesis in California Condors. J *Heredity* 112:569-74.

第4章

1. Hamer DH et al (1993) A linkage between DNA markers on the X chromosome and male sexual orientation. *Science* 261:321-7.
2. Sanders AR et al (2015) Genome-wide scan demonstrates significant linkage for male sexual orientation. *Psychol Med* 45:1379-88.
3. Ganna A et al (2019) Large-scale GWAS reveals insights into the genetic architecture of same-sex sexual behavior. *Science* 365: eaat7693.

4. Lambert J (2019) No 'gay gene': Massive study homes in on genetic basis of human sexuality. *Nature* 573:14-5.
5. Kische H et al (2017) Sex hormones and hair loss in men from the general population of northeastern Germany. *JAMA Dermatol* 153:935-7.
6. Zucker KJ (2017) Epidemiology of gender dysphoria and transgender identity. *Sex Health* 14:404-11.
7. Ryan BC & Vandenbergh JG (2002) Intrauterine position effects. *Neurosci Biobehav Rev* 26:665-78.
8. Talia C et al (2020) Testing the twin testosterone transfer hypothesis-intergenerational analysis of 317 dizygotic twins born in Aberdeen, Scotland. *Hum Reprod* 35:1702-10.
9. Sasaki S et al (2016) Genetic and environmental influences on traits of gender identity disorder: a study of Japanese twins across developmental stages. *Arch Sex Behav* 45:1681-95.
10. Polderman TJC et al (2018) The biological contributions to gender identity and gender diversity: bringing data to the table. *Behav Genet* 48:95-108.
11. Theisen JG et al (2019) The use of whole exome sequencing in a cohort of transgender individuals to identify rare genetic variants. *Sci Rep* 9:20099.
12. Conley A et al (2020) Spotted hyaenas and the sexual spectrum: reproductive endocrinology and development. *J Endocrinol* 247:R27-R44.
13. Lindeque M & Skinner JD (1982) Fetal androgens and sexual mimicry in spotted hyaenas (Crocuta crocuta). *J Reprod Fertil* 65:405-10.
14. Barrionuevo FJ et al (2004) Testis-like development of gonads in female moles. New insights on mammalian gonad organogenesis. *Dev Biol* 268:39-52.
15. Carmona FD et al (2008) The evolution of female mole ovotestes evidences high plasticity of mammalian gonad development. *J Exp Zool B Mol Dev Evol* 310:259-66.
16. Real FM et al (2020) The mole genome reveals regulatory rearrangements associated with adaptive intersexuality. *Science* 370:208-14.
17. Kuroiwa A et al (2010) The process of a Y-loss event in an XO/XO mammal, the Ryukyu spiny rat. *Chromosoma* 119:519-26.
18. Terao M et al (2022) Turnover of mammal sex chromosomes in the Sry-deficient Amami spiny rat is due to male-specific upregulation of Sox9. *Proc Natl Acad Sci U S A* 119:e2211574119.
19. Kim G-J et al (2015) Copy number variation of two separate regulatory regions upstream of SOX9 causes isolated 46,XY or 46,XX disorder of sex development. *J Med Genet* 52:240-7.

第5章

1. World health statistics 2022: monitoring health for the SDGs, sustainable development

goals. https://www.who.int/publications/i/item/9789240051157(2024年2月1日閲覧)
2. 循環器領域における性差医療に関するガイドライン(2010)Circulation Journal 74, Suppl. II, 日本循環器学会.
3. 福原淳範ら(2011)アディポサイトカインとその役割 アディポネクチン, レプチン, アディプシン. 日本臨床増刊号 メタボリックシンドローム(第2版), 221-4.
4. Page ST et al (2005) Testosterone administration suppresses adiponectin levels in men. *J Androl* 26:85-92.
5. Nishizawa H et al (2002) Androgens decrease plasma adiponectin, an insulin-sensitizing adipocyte-derived protein. *Diabetes* 51:2734-41.
6. Hara T et al (2003) Decreased plasma adiponectin levels in young obese males. *J Atheroscler Thromb* 10:234-8.
7. 大内尉義(2002)循環器病における性差―エストロゲンと動脈硬化. 日循予防誌 第37号, 31-41.
8. Drori D & Folman Y (1976) Environmental effects on longevity in the male rat: exercise, mating, castration and restricted feeding. *Exp Gerontol* 11:25-32.
9. Michell AR (1999) Longevity of British breeds of dog and its relationships with sex, size, cardiovascular variables and disease. *Vet Rec.* 145:625-9.
10. Min KJ et al (2012) The lifespan of Korean eunuchs. *Curr Biol* 22:R792-3.
11. Jannetta AB (1992) Famine mortality in nineteenth-century Japan: the evidence from a temple death register. *Popul Stud (Camb)* 46:427-43.
12. Zarulli V et al (2018) Women live longer than men even during severe famines and epidemics. *Proc Natl Acad Sci U S A* 115:E832-40.
13. 厚生労働省「国民生活基礎調査の概況」https://www.mhlw.go.jp/toukei/list/20-21kekka.html(2024年2月1日閲覧)
14. Holman CD et al (1996) Meta-analysis of alcohol and all-cause mortality: a validation of NHMRC recommendations. *MJA* 164:141-5.
15. National Institute on Alcohol Abuse and Alcoholism. Alcohol and women (1990) *Alcohol Alert* No.10

第6章

1. 厚生労働省「自殺の統計：各年の状況」https://www.mhlw.go.jp/stf/seisakunitsuite/bunya/hukushi_kaigo/seikatsuhogo/jisatsu/jisatsu_year.html(2024年2月1日閲覧)
2. 高橋祥友(2005)うつ病の有病率と自殺率の男女比. 性差と医療 2:421-4.
3. Brent DA & Moriz G (1996) *Developmental pathways to adolescent suicide.* Cichetti D, Toth SL (eds) Adolescence: opportunities and challenges. pp. 233-58. University of Rochester Press.
4. Horita N & Moriguchi S (2023) COVID-19, young people, and suicidal behaviour. *Lancet Psychiatry* 10:484-5.

5. 横浜市立大学プレスリリース「新型コロナ禍による10-24歳の自殺増加は女児・女性のみ顕著であることを確認」2023年6月22日 https://www.yokohama-cu.ac.jp/news/2023/202306022horitanobuyuki.html（2024年2月1日閲覧）
6. Nagayoshi M et al (2023) Sex-specific relationship between stress coping strategies and all-cause mortality: Japan multi-institutional collaborative cohort study. *J Epidemiol* 33:236-45.
7. McCarthy MM (2016) Multifaceted origins of sex differences in the brain. *Philos Trans R Soc Lond B Biol Sci* 371:20150106.
8. Archer J (2004) Sex differences in aggression in real-world settings: A meta-analytic review. *Rev Gen Psychol* 8:291-322.
9. Cross CP et al (2011) Sex differences in impulsivity: A meta-analysis. *Psychol Bull* 137:97-130.
10. Lippa RA et al (2009) Sex differences in mental rotation and line angle judgments are positively associated with gender equality and economic development across 53 nations. *Arch Sex Behav* 39:990-7.
11. Gur RC et al (2012) Age group and sex differences in performance on a computerized neurocognitive battery in children age 8-21. *Neuropsychology* 26:251-65.
12. Herlitz A & Lovén J (2013) Sex differences and the own-gender bias in face recognition: A meta-analytic review. *Vis Cogn* 21:1306-36.
13. Olderbak S et al (2019) Sex differences in facial emotion perception ability across the lifespan. *Cogn Emot* 33:579-88.
14. De Lacoste-Utamsing C & Holloway RL (1982) Sexual dimorphism in the human corpus callosum. *Science* 216:1431-2.
15. Liu S et al (2020) Integrative structural, functional, and transcriptomic analyses of sex-biased brain organization in humans. *Proc Natl Acad Sci U S A* 117:18788-98.
16. 四本裕子（2021）脳や行動の性差．認知神経科学 23:62-68.
17. Joel D et al (2015) Sex beyond the genitalia: The human brain mosaic. *Proc Natl Acad Sci U S A* 112:15468-73.
18. Sohn J et al (2022) Presynaptic supervision of cortical spine dynamics in motor learning. *Sci Adv* 8:eabm0531.
19. van Kerkoerle T et al (2018) Axonal plasticity associated with perceptual learning in adult macaque primary visual cortex. *Proc Natl Acad Sci U S A* 115:10464-9.
20. Bardin J (2012) Neurodevelopment: Unlocking the brain. *Nature* 487:24-6.
21. Zugman A et al (2023) Country-level gender inequality is associated with structural differences in the brains of women and men. *Proc Natl Acad Sci U S A* 120:e2218782120.

黒岩 麻里 くろいわ・あさと

京都府生まれ。北海道大学大学院理学研究院生物科学部門教授。1997年、名古屋大学農学部卒業。2002年、同大学院生命農学研究科 応用分子生命科学専攻にて博士号取得。日本学術振興会特別研究員、北海道大学先端科学技術共同研究センター講師、同大大学院理学研究院准教授を経て16年より現職。専門は生殖発生学・分子細胞遺伝学で、哺乳類、鳥類を対象に、性染色体の進化や性決定の分子メカニズムの解明を目指す。NHK「あさイチ」や「ヒューマニエンス 40億年のたくらみ」「又吉直樹のヘウレーカ！」などメディアにも出演し、「性決定」についての最新の知見を一般に向け積極的に伝えている。受賞歴は、11年に「哺乳類および鳥類における性染色体と性決定機構の進化研究」で第62回染色体学会賞、13年に「Ｙ染色体をもたない哺乳類種の性染色体進化の研究」で平成25年度文部科学大臣表彰若手科学者賞、23年に北海道大学が次世代の女性教員を顕彰する桂田芳枝賞など。著書に『消えゆくＹ染色体と男たちの運命――オトコの生物学』（学研メディカル秀潤社）、『男の弱まり――消えゆくＹ染色体の運命』（ポプラ新書）がある。

○黒岩研究室HP「Kuroiwa Lab」
https://sites.google.com/site/kuroiwagroup/home

「Ｙ《わい》」の悲劇《ひげき》
男《おとこ》たちが直面《ちょくめん》するＹ染色体消滅《せんしょくたいしょうめつ》の真実《しんじつ》

2024年5月30日　第1刷発行

著者……………黒岩麻里
発行者…………宇都宮健太朗
発行所…………朝日新聞出版
〒104-8011 東京都中央区築地5-3-2
電話　03-5541-8814（編集）
03-5540-7793（販売）
印刷所…………大日本印刷株式会社

Published in Japan by Asahi Shimbun Publications Inc. ISBN 978-4-02-332364-3